低压电力集中抄表
新技术及工程应用

DIYA DIANLI JIZHONG
CHAOBIAO XINJISHU
JI GONGCHENG YINGYONG

张秋雁　主编

李鹏程　欧家祥　徐宏伟　王俊融　王　成　李向锋　参编

中国电力出版社
CHINA ELECTRIC POWER PRESS

内 容 提 要

本书全面、系统地介绍了低压电力集中抄表技术的现状及发展方向，结合各种技术方案的工程案例进行深入浅出的阐述，旨在满足供电企业、设备生产企业及相关研究机构各级工程技术人员的实际需求，对低压电力集中抄表系统的建设、运维和技术研究提供参考。

本书主要内容包括建设低压集抄系统的意义及国内外现状、低压集抄系统的组成、下行通信技术及应用、上行通信技术及应用、电力用户户内双向交互技术、通信性能测试及功能测试技术、低压集抄运维技术、工程应用实例、低压集抄关键技术研究与应用。

本书可作为低压电力集中抄表系统建设和运维人员的培训教材，可供供电企业各级营销管理人员和技术人员学习使用，也可供高等院校、科研院所和设备生产企业相关人员阅读参考。

图书在版编目（CIP）数据

低压电力集中抄表新技术及工程应用/张秋雁主编.—北京：中国电力出版社，2017.6（2018.4 重印）
ISBN 978-7-5198-0788-7

Ⅰ．①低…　Ⅱ．①张…　Ⅲ．①电能－电量测量　Ⅳ．① TM933.4

中国版本图书馆 CIP 数据核字（2017）第 118319 号

出版发行：中国电力出版社
地　　　址：北京市东城区北京站西街 19 号（邮政编码 100005）
网　　　址：http://www.cepp.sgcc.com.cn
责任编辑：马　青（010-63412784）　安　鸿
责任校对：马　宁
装帧设计：张俊霞　赵姗姗
责任印制：邹树群

印　　刷：北京雁林吉兆印刷有限公司
版　　次：2017 年 6 月第一版
印　　次：2018 年 4 月北京第二次印刷
开　　本：787 毫米×1092 毫米　16 开本
印　　张：13
字　　数：317 千字
印　　数：2001—4000 册
定　　价：59.00 元

前　言

电力集中抄表系统是计量自动化系统或用电信息采集系统的重要组成部分，是一项涉及用户众多、应用环境复杂、技术难度大、功能强大的信息集成系统。随着电网企业精益化管理要求的不断提高及电力市场化改革的不断推进，对用电信息进行采集和处理显得越来越重要。电力集中抄表相关技术发展迅速，涉及低压用户侧的低压电力集中抄表系统（简称低压集抄系统）由于用户数量众多、运行环境复杂，其技术发展更加受到各方关注。国家电网公司范围内用电信息采集已基本实现全覆盖，中国南方电网有限责任公司计划到 2020 年实现系统低压电力集中抄表的全覆盖。通信技术的快速发展给电力集中抄表技术带来了新的变革，为采用先进通信技术实现低压集抄全覆盖的目标，贵州电网有限责任公司开展了基于高速稳定通信链路的集中抄表关键技术研究及应用。为帮助各基层供电企业了解低压电力集中抄表的相关先进技术及发展趋势，为低压集抄系统建设、运行和维护提供理论指导和实践参考，充分发挥系统应用的作用及其拓展功能，贵州电网有限责任公司特组织编写了本书。

本书分为 9 章，分析和研究了国内外低压电力集中抄表技术现状及发展趋势，全面介绍了电力线载波通信（窄带、宽带）、微功率无线通信、双模通信、RS 485 通信、塑料光纤通信等下行通信技术，及无线公网、无线专网、以太网、光纤、CATV 等上行通信技术，并介绍了低压电力集中抄表运维技术、通信性能测试和功能测试技术以及各种新兴通信技术，对各种通信技术在低压集抄系统中的现场应用进行实例分析，从而为低压电力集中抄表系统的设计、建设和运行维护提供技术支撑。同时，本书拓展介绍了互联互通、物联网、多表集抄、电力用户户内交互技术等多种低压电力集中抄表新技术、新应用。

本书由贵州电网有限责任公司电力科学研究院负责编写，其编写得到了威胜集团有限公司、杭州海兴电力科技股份有限公司的大力支持和帮助。青岛鼎信通讯股份有限公司为第 7 章编写提供了运维的专业指导；青岛东软载波科技股份有限公司、中电华瑞技术有限公司、深圳市友讯达科技发展有限公司、深圳力合微电子有限公司为第 8 章编写提供了工程应用的案例素材。除此之外，业内专家王学信为本书的编写给予了宝贵的技术指导，朱政坚博士、周克博士给予了积极协助，还有其他专家对本书的编写工作做出了贡献，在此对以上各位同仁表示衷心感谢。

在编写过程中，本书内容力求注重实用性，同时密切把握低压电力集中抄表新技术的发展方向，尽量满足供电企业、设备生产厂商及研究机构等各级工程结合技术人员的实际需求。尽管如此，由于低压集中抄表技术仍处于不断发展和完善之中，技术标准也在不断更新，特别是通信技术的发展日新月异，加上时间仓促以及编者经验不足、水平有限，本书难免存在不足之处，敬请广大读者提出宝贵意见，我们将在今后修订时加以完善。

编　者

2017 年 4 月

目　录

第1章

建设低压集抄系统的意义及国内外现状

目前，我国正处于城镇化加速发展的时期，部分地区"城市病"问题日益严峻。为解决城市发展难题，实现城市可持续发展，建设智慧城市已成为当今世界城市发展的趋势，智能电网是智慧城市的基础和依托，发展智能电网能够促进电网企业节能减排、安全生产和减员增效，同时也是各国竞相实施的国家战略。

电力用户集中抄表系统（简称电力集抄系统）是智能电网的核心要素之一。电力集抄系统是利用现代数字通信、计算机软硬件以及自动化设备等多种先进技术构架的信息集成系统，它对电力用户的用电信息进行采集、处理和实时监控，具有自动采集用电信息、监测电能质量、异常计量事件报警、用电分析和管理、信息发布、分布式能源监控、智能用电设备的信息交互等功能，适用于居民用户公用变压器（简称公变）、配电变压器（简称配变）、专用变压器（简称专变）和变电站等。

电力集抄系统拓扑结构示意图如图 1-1 所示，包含从发电、输电、配电到用电各环节的电力数据的采集和远程控制。在电力系统中，通常将额定电压在 1kV 以下电压称为低电压，将额定电压 1kV 以上电压称为"高电压"，居民用户的交流 220V、工商业用户的交流 380V 电压等级，均属于低电压范畴。本书将着重阐述低压电力用户集中抄表（简称低压集抄）的新技术及工程应用。

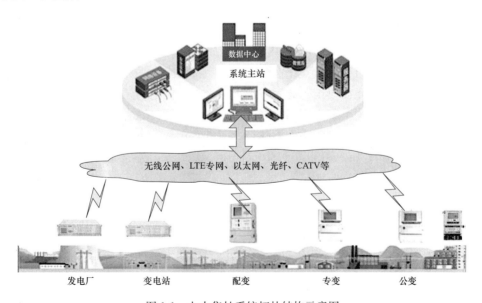

图 1-1　电力集抄系统拓扑结构示意图

1.1　建设低压集抄系统的意义

（1）提升电网企业精益化管理水平。低压集抄系统能够及时、完整、准确地获取电力用户用电信息，实现对电力用户用电量的及时抄读和用电信息的分析应用；实现与智能用电设备的信息交互与控制；能够实现居民阶梯电价控制，可提高电力用户用电品质，从而提升电网企业精益化管理水平。

（2）缩减电力供需差距。低压集抄系统的智能电能表可计量和存储每日间隔 15min 的 96 个计量点电能数据，收集电力用户的用电特性和实时负荷状况，采集终端将大量计量数据通过通信网络发送到系统主站，可随时通过系统主站管理和查看数据库中存放的实时用电信息，指导电网企业合理安排电力供应，缩小电力供需差距，降低电能损耗。

（3）跨部门数据共享。低压集抄系统获得的用电量数据，可以与调度系统、营销系统、配电网自动化系统、网银等进行共享，为账单生成、电费催缴、用户网络查询、银行托收、网上支付、用电监察及负荷预测等提供数据来源。

（4）用电大数据分析和智能化负荷管理。低压集抄系统能够收集到电力用户各个时间段的电能信息，为分析各地区、各时间段、各季节、各行业的用电分布提供了大数据分析的数据支撑，满足客户个性化用电需求，提高客户满意度。通过分析电能使用的行为模式，可以实现自动计算分析管理，从而能够实现各区域间电能使用的均衡化，提高需求侧管理的效率。

（5）方便资产管理。在建设低压集抄系统的同时，能够在数据库中同步录入用户信息、台区信息、地理位置信息（GIS），以及电能表的生产厂家、生产日期、检定时间、检定周期等附带信息，既方便了管理，也能够让系统自动生成相关设备的检验工单，减轻人工管理的工作量，降低差错率。

1.2　国外技术现状

曾在日本通过的《联合国气候变化框架公约》京都议定书是约束发达国家通过节能减排达到减缓地球气候变化的重要协定。此后，诸多国家将智能电网建设提升为国家战略，各国相继研究智能电网、高速通信和大数据等先进技术，纷纷制订适合本国国情的智能电网建设远期规划，在建设智能电网的过程中大力建设 AMR（automatic meter reading，远程自动抄表），并进一步构建 AMI（advanced metering infrastructure，高级量测体系）。

1. 美国

美国科罗拉多州的波尔得是一所大学城，居民素质较高，城市规模较小，在 2008 年建设完成全美国第一个智能电网城市，每户家庭都安装了智能电能表。美国爱科赛尔能源公司投资建设了智能变电站，采用先进通信技术建立了电力数据远程集采、集控的电力集抄系统，实现智能停电管理、智能用电管理、风电存储、光伏发电等诸多功能的远程监控。建立的电力集抄系统融合了多种能源数据，并实现远程监控和管理。通过大量的智能电网科普和节点宣传，居民掌握即时电价，可根据阶梯电价政策合理调整洗衣服、熨衣服、启动热水器等用电的生活习惯，提高了供电效率和供电可靠性，提高了风能、光伏利用率。

以美国商务部下属的国家标准技术研究院（National Institute of Standard and Technology，NIST）为主，美国政府部门研究了智能电网的互操作性与网络安全等各项技术标准。2014 年，NIST 公布了新一代输电网"智能电网"的标准化框架，明确了 75 个标准规格、标准和指导方针，其中包括采用 ZigBee 通信技术的智能电能表与家用电器可进行双向无线通信的智能能源规范（smart energy profile）。

美国常用的 AMI 系统网络架构如图 1-2 所示。智能电能表（smart meters）通过局域网（LAN，即本地通信网络）与采集终端（collector）进行数据传输，采集终端通过广域网（WAN，即远程通信网络）连接到应用主站（applications）。局域网通信方式有 PLC（电力线载波通信）、point to point（点对点模式微功率无线通信）、mesh（自组网模式微功率无线通信）、hybrid（双模通信）等多种通信方式。采集终端及配套设备包括 towers（通信铁塔基站）、repeaters（通信中继器）、Neighborhood（通信旁路工作节点）、substations（通信子站规范）等。远程网络通信方式有 telephony（无线公网）、broadband（宽带）、RF（无线通信网络）、fiber（光纤通信网络）等。应用主站包括 MDMA（电能表数据管理应用系统）、billing（计费系统）、outage mgt（停电管理）、DA（data analysis，数据应用分析系统）等。

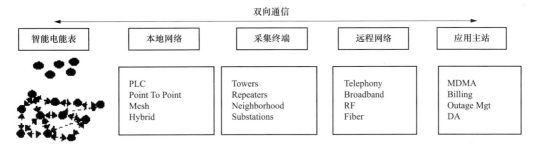

图 1-2 美国常用的 AMI 系统网络架构

以北美最大的电力公司 Duke Energy 为例，其采用的 AMI 架构混合使用了微功率无线和电力线载波技术。2009 年在俄亥俄州（Ohio）地区已安装 6000 台智能电能表、4 万台智能燃气表及约 4000 台采集终端；2014 年，智能电能表安装数量达到 70 万台，智能燃气表达到 45 万台，采用的智能电能表如图 1-3 所示。智能电能表通过电力线载波通信技术与采集终端进行数据通信，燃气表通过微功率无线与采集终端进行数据通信，采集终端通过无线公网（GPRS）、光纤与系统主站进行数据通信。该 AMI 架构注重家庭能源管理，采用符合 Home Plug 标准的宽带电力线载波通信技术将户内通信网关、家庭用电器、娱乐设备、安防设备等组成一个网络，用户通过家庭局域网（home area network，HAN）中的户内通信网关可以很方便地控制这些设备。

图 1-3 美国 Duke Energy 采用的智能电能表

2. 欧洲

欧盟一直致力于建设开放的、互联互通的智能电能表（OPEN meters）和电力线载波通信技术标准，通过组织过程、技术要点讨论及新技术的演进趋势等过程，制定适合欧盟低压电网的通信技术。已经制定完成 PRIME、G3-PLC、Meters and More 等三个国际化低压电力线载波通信技术标准，并在西班牙和葡萄牙（采用 PRIME）、法国与奥地利（采用 G3-PLC）、意大利（采用 Meters and More）等国家开展规模化应用，欧洲电力集抄系统呈现出日新月异的迅猛发展。

法国有 3500 万电力用户，约有 150 家配电网公司，能源市场主要由法国电力集团公司（EDF）和 GDF-SUEZ 两家公司控制，其中，EDF 在电力市场占 95％的份额，而 GDF-SU-EZ 则在天然气市场占有 95％的份额。EDF 所属法国电网输送公司（ERDF）实施的 Linky 智能电能表项目中，智能电能表与集中器之间采用 G3-PLC 通信技术，智能电能表可通过 G3-PLC 通道主动报警，Linky 项目的 AMI 架构如图 1-4 所示。

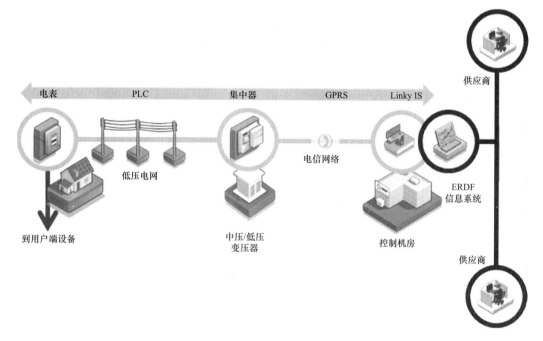

图 1-4　EDF 的 Linky 项目 AMI 架构

意大利是欧洲已安装智能电能表最多的国家，目前全国 99％的地区安装了智能电能表约 3600 万只，已部署完成大规模的抄表系统。系统通信主要使用频移键控（FSK）调制方式的 PLC 技术，根据环境的不同选用微功率无线通信作为补充。

3. 其他国家

日本电气事业联合会在 2009 年公布日本版《智能电网开发计划》，以 2020 年为目标，普及智能电网。同时，日本电力中央研究所设立智能电网研究会，2013 年，日本电力中央研究所开展大量的电力线载波评测、试验研究，评测 PRIME、G3-PLC、HD-PLC（high definition power line communication）、Home plug Green PHY 等多种现行应用的电力线载波通信技术。目前，日本东京电力公司（TEPCO）正在部署包含有 2700 万台智能电能表的项目，重点建设家庭能源管理平台（HEMS），其网络结构如图1-5所示。

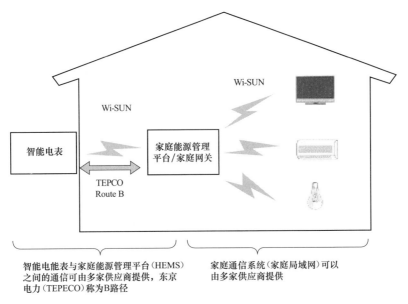

图1-5　东京电力公司采用的家庭能源管理平台网络架构

日本政府允许在家庭局域网中使用 Wi-SUN 和 G3-PLC（ARIB 频段）两种通信技术，其中，东京电力公司选择了 Wi-SUN 通信技术，在 Wi-SUN 通信技术的物理层（IEEE 802.15.4g，920MHz）、MAC 层和网络层之上采用 Echonet Lite 协议作为应用层。2014 年初，东芝已经研发出 Wi-SUN 的通信产品，920MHz 频段的无线 USB 适配器可插入家庭通信网关，实现家庭户内智能仪表和家庭能源管理平台控制器之间的数据通信。

澳大利亚能源部在 2009 年发布《智能电网，智能城市计划报告》，在澳大利亚部署该国首个商业规模的智能电网，实现能源数据的远程监控和管理。由于人口密度低，除少数（悉尼、墨尔本）大城市外，集中抄表主要采用无线公网（GPRS）方式。

印度在 2010 年启动"加速电力发展与改革"计划，从 2010 年起，在新德里和孟买附近进行智能电网试验，安装约 50 万台具备远传通信功能的智能电能表。

1.3　国　内　技　术　现　状

国家电网公司提出建设"互动电网"，陆续开展智能用电关键技术领域的研究和应用，以双向互动通信技术为支撑，以智能控制为手段，实现与电力用户的电能、信息和业务的双向互动，全面提升用电质量和服务能力。

"互动电网"概念借鉴自美国政府提出的"智能电网"和 GE 提出的"能源互联网"，"互动电网"是在开放和互联的信息模式基础上，通过加载系统数字设备和升级电网网络管理系统，实现发电、输电、供电、用电、客户售电、电网分级调度、综合服务等电力产业全流程的智能化、信息化、分级化互动管理，是集合了产业革命、技术革命和管理革命的综合性的效率变革。它将再造电网的信息回路，构建用户新型的反馈方式，推动电网整体转型为节能基础设施，提高能源效率，降低客户成本，减少温室气体排放，创造电网价值的最大化。基于双向通信技术的电力集抄系统是互动电网的关键组成部分。相对于广播电视网和移动通信网，电力线网络具有覆盖范围广的优势。在许多偏远的山区，可能没有广播电视网和移动通信网，但是基本都有电力线网络。由于电力线是电网的通信介质，无须申请专用频段和额外施工，因此，在电力集抄系统中电力线载波通信技术得到普遍应用。电力线载波通信技术历史悠久，采用频移键控、相移键控等调制方式的电力线载波通信技术较为常见，且目前依然是国内低压集抄系统最常用、最普遍的电力线通信方式，这主要归因于频移键控、相移键控等调制电路的实现成本低廉且易于开发。2010～2015 年以来，国家电网公司已累计集中招标 2.4 亿只载波智能电能表，在所有招标智能电能表中载波智能电能表占比高达 70%。

我国低压集抄系统侧重于用电信息采集与管理，通过对用户用电数据进行采集和分析，实现用电监控、推行阶梯电价、负荷管理、线损分析等功能。低压集抄系统的实施关键在于信息技术、通信技术与电力系统的深度融合，内部管理的完善和主营业务的拓展均需要畅通的通信网络支撑。主营业务的拓展将增加实时通信的数据量，系统通信信道的不畅将造成数据阻塞、信息安全等问题。除此之外，目前低压集抄系统还存在以下问题：

（1）低压集抄系统中主要采用无线公网进行数据的远程传输，但由于以 GPRS/CDMA 为代表的无线公网以服务于公共通信为主，吞吐量受限，其传输可靠性不能完全达到低压集抄高可靠传输的要求，安全性也得不到保证。

（2）低压集抄系统中普遍采用频移键控、相移键控等调制方式的电力线载波通信进行本地数据传输，通信速率偏低，对噪声敏感，稳定性较差，相邻线路和相邻台区均易串扰。

（3）由于在载波智能电能表大规模招标之前并未对电力线载波通信进行标准化，导致不同调制方式和工作在不同频率段的载波智能电能表在各地区大量安装后，无法实现混装和互联互通。

（4）电力线载波通信对电力非线性负荷（如开关电源、变频调速、晶闸管、光伏逆变器、节能灯）的适应性较差，尤其是电瓶车普及地区和工商业密集区域，通信成功率不高。

实现智能电网互动的前提是信息的共享，而目前智能电网中低压集抄系统侧信息交互采用不同的通信方式，拥有不同的通信传输媒介、传输特性和通信性能，使得各通信方式存在兼容问题，不便于新兴技术在该体系下的无障碍介入。

因此，电网企业、有关行业协会仍需要发挥引导作用，着重从通信技术、网络构架、通信协议、算法等层面进行标准化，才能从根本上解决低压集抄遇到的这些问题。

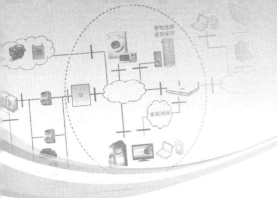

第2章

低压集抄系统的组成

低压集抄技术经历了数次技术革新，从最初脉冲信号采集数据，发展到在小范围内自动采集数据，现在已经能够在大范围内进行数据的自动、远程采集和控制，实现远程自动抄表（AMR），并发展到应用高速通信网络实现信息交互、远程费控等高级应用功能。伴随着先进通信技术的日新月异，低压集抄正逐步朝着高级量测体系（AMI）方向发展。

本章阐述低压集抄系统的组成，以系统的总体架构为出发点，分别阐述系统主站、通信信道、采集终端和智能电能表四个组成部分的构成和功能，并介绍费控体系。

2.1 总 体 架 构

低压集抄系统是一项涉及用户众多、应用环境复杂、技术难度大、功能强大的信息集成系统，为确保低压集抄系统能够实现预期功能，在建设过程中应遵循经济实用、稳定可靠、标准统一等原则。基本原则主要包括以下几点：

（1）可靠性和稳定性优先。电力系统的安全影响到社会的方方面面，为了保证电力系统的安全，低压集抄系统的可靠性和稳定性应该放在第一位。在低压集抄系统设计时，应从低压集抄系统架构、支撑技术、设备性能、运维管理等方面考虑，低压集抄系统必须达到最大的平均无故障时间，单个故障点对整个低压集抄系统的影响应尽可能小，并提供快速的故障恢复措施以及数据备份措施，设计冗余链路，备份数据库，提供低压集抄系统自我诊断和维护工具，采用多种技术手段以确保低压集抄系统运行的可靠和稳定。

（2）数据集中及共享原则。使用统一的数据采集和管理平台，建立电能量数据中心，以统一的数据接口来面向电力行业的营销业务、生产管理需求，为用户提供服务，方便实现与其他的业务部门和数据中心之间的数据共享。

（3）设备的开放性和标准性原则。为了充分发挥低压集抄系统所选用的技术和设备的运行能力及投资的长期效应，满足功能不断扩展的需求，必须追求设备的开放性、标准性和互换性。在遵循统一的国际标准和工业标准的前提下，系统设备应使用规范的网络架构，并遵守统一的接口标准，允许用不同厂商的产品来相互替代，这种替代包括整个低压集抄系统和组成部件，相同功能的设备能够相互替代，从而做到设备互换。

（4）安全性原则。当今社会各种网络攻击手段层出不穷，各行各业均有信息泄露事件发生，电力行业涉及的用户信息非常敏感，要充分考虑低压集抄系统的安全性，低压集抄系统需要具有多级的安全措施和完善的用户权限管理系统，保障数据的安全性，防止非授权用户的侵入和机密信息的泄露。

（5）统筹兼顾原则。低压集抄系统建设既要兼顾已有的信息基础，又要充分考虑到未来低压集抄系统扩充的可能。新技术的不断进步和电力行业的深化改革对低压集抄系统的规模和应用要求会越来越高，所以低压集抄系统的框架结构设计需要为未来的发展预留出足够的空间，以避免在几年后因为无法满足需求而重复建设。

（6）坚持跟踪、反馈、更新、完善的原则。工程建设应保证低压集抄系统建设贴近应用实际的需要，以电能计量装置管理与电能量数据管理的业务需求为目标，指导低压集抄系统建设开发、培训和运行，使低压集抄系统真正发挥作用。

低压集抄系统需要与营销系统、生产管理系统、配网自动化系统、信通部门数据中心等多种类型应用系统接口，可采用 Web service、JMS 等交互方式，交换智能电能表档案信息、电能数据、异常信息、负荷数据、控制命令和工作任务等数据信息，共同协调实现电费结算、预付费管理等多种应用功能。

低压集抄系统由系统主站、通信信道、采集终端（集中器、采集器等数据采集和远程控制设备）和智能电能表四部分组成，其网络架构拓扑如图 2-1 所示，采集终端通过电力线载波、RS 485 或其他通信信道采集智能电能表上的数据信息，再通过以太网、无线公网（GPRS、CDMA、3G/4G）等网络发送到系统主站。

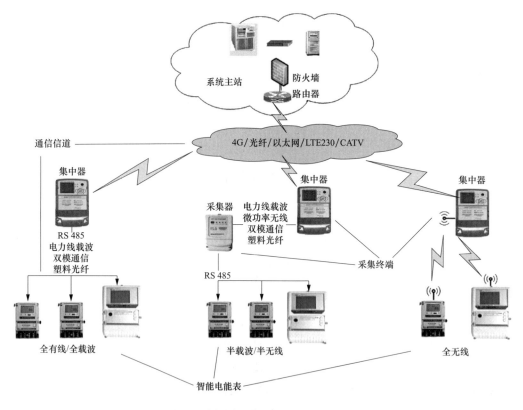

图 2-1　低压集抄系统网络构架拓扑图

通信信道是指系统各组成部分之间或者内部互相传递信息的信道，集中器到系统主站之间为上行通信信道，主要包括无线公网（GPRS、CDMA、3G/4G 等）、无线专网（230MHz/1800MHz）、光纤、CATV、以太网等；集中器到采集器或电能表间为下行通信信道，主要包括 RS 485 总线、电力线载波、微功率无线、塑料光纤等。

采集终端是集抄系统中安装在现场的数据采集设备，是系统主站和智能电能表进行信息交互的枢纽，收集、保存智能电能表的数据并对数据进行处理分析，同时能够直接或者间接与系统主站进行数据交换。

智能电能表是智能电网分布最广泛的智能终端，除了具备传统电能表基本用电量的计量功能以外，为了适应智能电网和新能源的发展需求，它还具有双向多种费率计量、用户端控制、多种数据传输模式的双向数据通信及防窃电等智能化功能，灵活互动的智能电能表代表着未来节能型智能电网最终用户智能化终端的发展方向。

低压集抄系统主要功能如下：

(1) 实现公变台区及低压居民用户计量点的数据采集。

(2) 实现低压居民用户的费率控制管理。

(3) 实现居民用电信息统计及台区线损分析等功能。

(4) 提高电能计量设备的在线管理水平，及时发现和处理故障，有效防止窃电现象，减少电量流失。

(5) 提供与营销系统及其他系统的接口，为市场营销、增值服务及生产管理等应用提供数据支撑。

系统主站具有链路管理、数据采集（终端操作控制）、基础应用（抄表、负荷控制）及综合应用（用电管理、异常分析、统计）等功能模块，为市场管理、业务处理、用电检查、抄表管理、计量点管理、电费收缴及账务管理、营销分析与辅助决策及用电异常数据分析等提供数据支持。系统主站包括软件和硬件两部分，软件部分有系统主站软件及布置在服务器上的其他应用软件；硬件部分有各种防火墙、路由器、交换机等设备。系统主站的硬件为软件提供物理支持，软件负责处理和综合分析各种数据。

2.2　系　统　主　站

2.2.1　组成结构

系统主站是低压集抄系统的"大脑"，负责管理整个系统的数据传输、应用、处理分析和信息交互，保障系统的安全运行，是一个包含软硬件的完整的计算机管理系统。

系统主站一般包括应用工作站、维护工作站、应用服务器、Web 服务器、数据库服务器、前置采集服务器、防火墙、GPS 时钟以及相关的网络设备，系统主站结构如图 2-2 所示。

系统主站的软硬件设计时需遵循有关国际标准和工业标准，其中，硬件需符合 ISO 9000 认证标准；数据库需使用国际通用的商用关系型数据库，如 Oracle、Sybase、Informix 或 Ingress 等，并支持 SQL 标准数据库访问语言，应用软件的开发一般采用面向对象应用开发技术，网络结构采用开放的分布式网络体系结构。

2.2.2　硬件设计原则

系统主站硬件设计时应注意以下几点原则：

(1) 在遵循相关国际标准和工业标准的同时，应采用开放的分布式网络体系结构。

(2) 在不影响系统整体性能的基础上，能尽量利用已运行正常的原有设备。

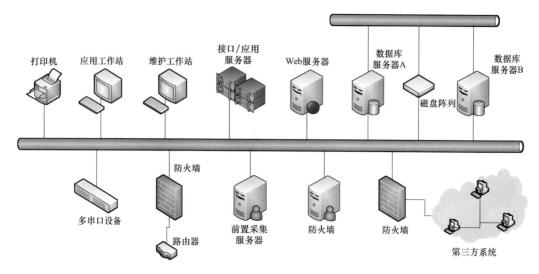

图 2-2　系统主站结构图

（3）主要设备应采用冗余配置，使得系统具有较高的可靠性。

（4）硬件设备应符合低压集抄系统的结构，硬件设备能够和系统内其他设备正常连接和通信。

（5）硬件设备在根据实用要求进行配置的同时，应该具有超前性和先进性，具有较高的性价比，保证在较长时间内不会被淘汰。

（6）硬件设备应尽量选用符合工业标准的市场上通用的产品，而且产品厂家能够提供及时专业的售后服务。

2.2.3　软件设计原则及架构

系统主站软件设计推荐采用 J2EE（Java2 Enterprise Edition）技术搭建，相比于其他技术，J2EE 技术具有更高的安全性、可靠性、可伸缩性和扩展性。低压集抄系统具有复杂的应用环境、多变的业务规则、及时发布信息以及用户数量巨大的特点，使用 J2EE 技术构建的系统主站软件能够满足低压集抄的应用需求。

基于"通用、开放的一体化平台，应用功能组件化、模块化"的思想，设计的系统主站软件能够自动采集电能量数据、瞬时量数据、状态、报警等各种信息，对各种信息进行自动统计、计算和综合分析，并在此基础上可实现市场营销综合应用功能，并为生产部门的电网优化运行和规划、安全生产、降低网损等提供有效技术支撑。

系统主站软件应采用三层 Web 软件架构和组件化技术，保证系统的可扩展性、灵活性、安全性以及并发处理能力，能够适应集约化管理和日后业务发展的需求；系统主站软件采用分布式的体系结构，通过模块化设计方法逐步实现各项功能，可以采用分层、分步、全方位的开发设计模式，注重基础平台的建设，为未来的各种应用提供基础。采用前置机采集子系统、业务处理子系统、数据应用子系统三个子系统单元。系统主站软件构架如图 2-3 所示。

1. 前置机采集子系统

兼容多种通信方式（GPRS/CDMA/3G/4G 无线公网、LTE230/1800 无线专网、以太网、光纤等），以规约库的方式动态加载不同规约对象，实现与采集终端的通信，并将采集

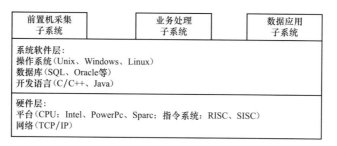

图 2-3　系统主站软件构架图

到的各类数据发送到数据应用子系统，实现规约与业务应用的隔离。

2. 业务处理子系统

为不同的应用提供相应的数据处理服务，如处理报警、统计数据、控制安全权限、完整性校验、处理命令时效、生成采集任务等。业务处理子系统为系统中的其他应用子系统提供中间接口，根据应用类型分别配置不同的业务处理子系统。

3. 数据应用子系统

具备数据采集、计算定义、计量业务、Web 浏览等功能，按管理功能赋予不同角色，能便捷地进行权限分配，不同角色对于系统主站的操作均应形成日志，便于后期维护和责任界定。

2.3　通　信　信　道

低压集抄系统通信信道链接系统主站、采集终端及智能电能表，是信息交互的媒介，通常按照通信信道数据传输方式划分为采集终端到系统主站的上行通信和采集终端到智能电能表的下行通信两种通信信道。通信信道分类示意图如图 2-4 所示。

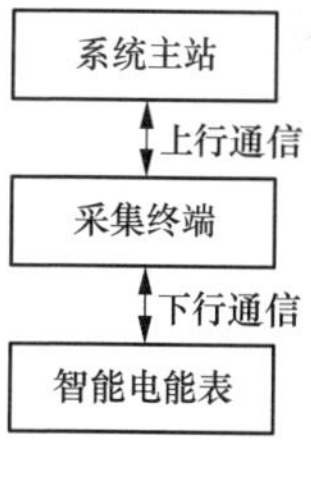

上行通信一般通信距离较远，常见的上行通信信道分为有线和无线两种，有线信道主要包括光纤、CATV 和以太网等，无线信道包括无线公网（GPRS/CDMA/3G/4G 等）和无线专网（230MHz/1800MHz）。上行通信的应用层一般需要遵循 DL/T 698.41《电能信息采集与管理系统 第 4-1 部分：通信协议—主站与电能信息采集　终端通信》。

图 2-4　通信信道
分类示意图

下行通信也称为本地通信，通信距离一般在几千米范围内，常见的下行通信有 RS 485、电力线载波（窄带、宽带）、微功率无线、塑料光纤等。下行通信的应用层一般需要遵循 DL/T 645《多功能电能表通协议》。

根据通信组网中是否有采集器设备，下行通信可分为全载波/全无线的下行通信组网方案（如图 2-5 所示）和半载波/半无线的下行通信组网方案（如图 2-6 所示）。

由于现场复杂的电力环境，采集终端到智能电能表的下行通信方式呈现出多种多样的组网方式，常见的组网方式有 6 种，分别适用不同的应用场景，下行通信典型组网方式比较如表 2-1 所示。

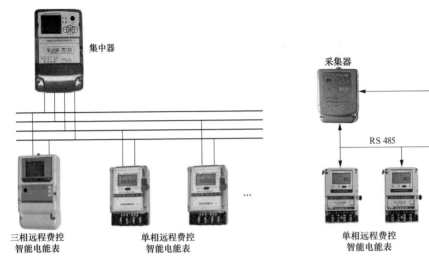

图 2-5　全载波/全无线的下行通信组网方案　　　　图 2-6　半载波/半无线的下行通信组网方案

表 2-1 下行通信典型组网方式比较

组网方式	通信方式	特点	适用范围
全有线	集中器与智能电能表之间采用 RS 485 有线方式通信	（1）工程量较大，现场需布设大量通信电缆； （2）通信可靠性最高，通信效果优于混合载波和混合无线	适用于智能电能表集中安装的大型楼宇台区，实现单栋楼宇数据采集
全载波	集中器与智能电能表之间采用电力线载波通信	（1）工程量较小，楼层之间、楼栋之间均无须工程施工，智能电能表通电即可； （2）易受电力环境的影响	比较适用于智能电能表安装分散的台区
半载波	使用采集器模式，集中器与采集之间采用电力线载波通信，采集器与智能电能表之间采用 RS 485 通信	（1）工程量相对较小，楼栋之间无须布线； （2）在表箱及楼层还需要布设 RS 485 通信线缆	适用于智能电能表集中安装的多个楼栋的台区
混合载波	（1）对集中安装的智能电能表，使用采集器模式，集中器与采集之间采用电力线载波通信，采集器与智能电能表之间采用 RS 485 通信； （2）对分散安装的智能电能表，集中器与智能电能表之间采用电力线载波通信	结合了全载波和半载波的特点，配置灵活，现场应用也较广泛	适用于电力线载波环境较好的绝大多数低压电力台区
全无线	集中器与智能电能表之间采用微功率无线通信	（1）工程量最小，无须改动电力线走线，通信速率高，实时性较好； （2）易受气候、障碍物等影响	适用于电力线环境较差、电力线噪声较高、阻抗变化较大的台区
半无线	使用采集器模式，集中器与采集之间采用微功率无线通信，采集器与智能电能表之间采用 RS 485 通信	（1）工程量相对较小，解决了楼宇之间布线和地埋线缆衰减较大等问题，通信速率高； （2）在表箱和楼层需要布设 RS 485 线	适用于楼宇之间采用地埋线缆（电力线载波衰减较大）的多个楼栋的台区

组网方式	通信方式	特点	适用范围
混合无线	（1）对集中安装的智能电能表，使用采集器模式，集中器与采集之间采用微功率无线通信，采集器与智能电能表之间采用RS 485通信； （2）对分散安装的智能电能表，集中器与智能电能表之间采用微功率无线通信	（1）系统抄表速度快、实时性好； （2）易受气候、障碍物等影响	适用于智能电能表集中安装、楼栋之间无法布线和电力线载波衰减大的台区

2.4　采集终端

采集终端（集中器、采集器等数据采集和远程控制设备）是实现智能电能表数据的采集、数据管理及数据双向传输、转发或执行控制命令的设备，是低压集抄系统进行监测、控制的核心设备。

虽然没有采集终端也能实现远程抄表，但是抄表的效率会大大降低，而且数据完整率、数据共享等方面也会受到影响，所以，低压集抄系统普遍设置采集终端。

2.4.1　集中器

集中器具有与系统主站或手持设备进行数据交互的功能，能够存储和处理智能电能表数据信息，是低压集抄系统不可缺少的采集终端设备。集中器通过电力线载波、微功率无线或RS 485等通信方式采集智能电能表的电能信息。

集中器的功能和性能应符合 Q/GDW 1374.2《电力用户用电信息采集系统技术规范　第二部分：集中抄表终端技术规范》或 Q/CSG 11109003《低压电力用户集中抄表系统集中器技术规范》等标准。

集中器的型式结构需符合 Q/GDW 1375.2《电力用户用电信息采集系统型式规范　第二部分：集中器型式规范》或 Q/CSG 11109006《计量自动化终端外形结构规范》等标准。

集中器由液晶显示屏、按钮、各种通信接口、通信模块、主端子和辅助端子等组成，其外观结构示意图如图 2-7 所示。

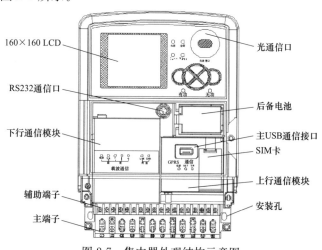

图 2-7　集中器外观结构示意图

集中器包含上行/下行通信，负责命令的发布和执行，是低压集抄系统中承担通信中转和透传作用的必备采集终端设备。在集中器的实际应用中，因不同时期的智能电能表通信规约不一致、增容引起产品不兼容，导致现场集中器需频繁地升级换代，给集抄系统的运行维护管理带来较大难度。

为充分发挥集中器作为通信中转和透传的作用，适应智能家居技术发展的要求，集中器的网关化已经是国际主流趋势，欧洲已在积极推进网关集中器，欧洲网关集中器组成示意图如图 2-8 所示。网关集中器的基本任务是实现通信的介质转换、分包和重组、路由等功能，规约解析在主站前置机，未来规约扩展将非常容易，只要物理层相同，各种规约都能接入，极大简化了现场安装调试和运营服务工作。网关集中器带来了系统扩容和升级的简便，使得未来系统能够通过"云端"实现多能源管理等多种业务。网关集中器同样包含了液晶显示屏、按钮、各种通信接口、可插拔通信模块、主端子和辅助端子等部分。

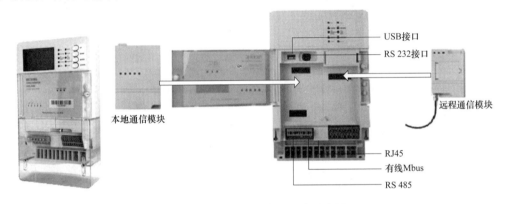

图 2-8　欧洲网关集中器组成示意图

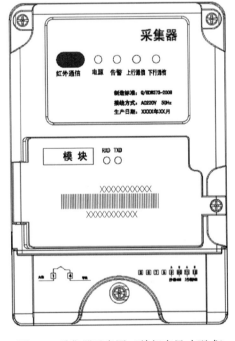

图 2-9　采集器示意图（单相表尺寸型式）

2.4.2　采集器

采集器能够采集智能电能表数据信息，需与集中器配合使用，属于根据现场应用和组网方案可选配的采集终端设备。

采集器的功能和性能应符合 Q/GDW 1374.2 或 Q/CSG 11109005《低压电力用户集中抄表系统采集器技术规范》等标准。

采集器的型式应符合 Q/GDW 1375.3《电力用户用电信息采集系统型式规范　第三部分：采集器型式规范》或 Q/CSG 11109006 等标准，单相表尺寸型式的采集器示意图如图 2-9 所示，小尺寸型式的采集器示意图如图 2-10 所示。

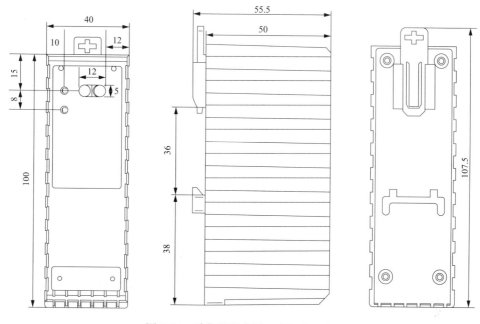

图 2-10 采集器示意图（小尺寸型式）

2.5 智 能 电 能 表

智能电能表是低压集抄系统最基础的计量单元，是所有功能和应用的源头。智能电能表是一种具有信息存储及处理、电能计量、自动控制、实时监测、信息交互等功能的新型全电子式电能表，支持阶梯电价、双向计量、分时电价，能够实现分布式电源计量、智能家居及双向互动服务等功能。

智能电能表由电能计量、数据处理、供电和通信接口等单元构成，电能计量单元包括电流采样电路、电压采样电路、计量集成电路等，数据处理单元包括微控制器、数据内卡、掉电检测、日历时钟、继电器单元等。供电单元包括电源、电池等；通信接口单元包括 LCD、校验表输出口、按钮、辅助端子等。智能电能表的基本原理框图如图 2-11 所示。

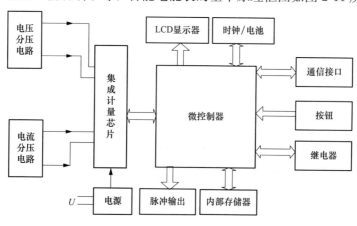

图 2-11 智能电能表的基本原理框图

在低压集抄系统应用领域，智能电能表分为单相智能电能表和三相智能电能表两种类型，单相智能电能表工作电压为交流 220V，三相智能电能表工作电压为交流 220V（相电压）/380V（线电压）。单相智能电能表的外形尺寸如图 2-12 所示，三相智能电能表的外形尺寸如图 2-13 所示。

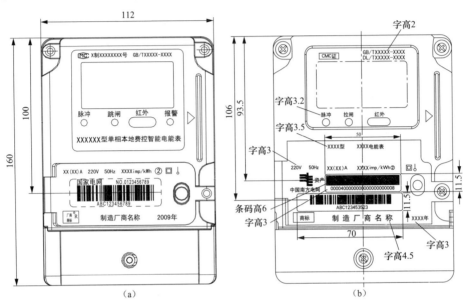

图 2-12 单相智能电能表
(a) 国家电网型式；(b) 南方电网型式

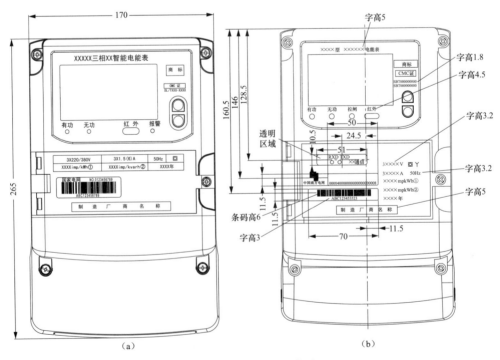

图 2-13 三相智能电能表
(a) 国家电网型式；(b) 南方电网型式

三相智能电能表作为一种先进的智能化、数字化的前端采集元件，可以直接取代常规电力变送器及测量仪表，已广泛应用于各种控制系统、SCADA 系统和能源管理系统。三相智能电能表采用交流采样技术，能测量电网中的三相电流参数，可通过面板薄膜开关设置倍率，带 RS 485 通信、报警输出、开关量输入/输出等功能。

2.6 费 控 体 系

费控电能表的推广应用，可提高电网企业电费回收率、提升精益化管理水平，满足提高客户用电体验，提高客户满意度。由于智能电能表的电能计量数据与民生关系紧密，费控体系涉及客户资金、拉合闸指令等重要信息，为保障客户用电数据安全，必须建立完善的信息安全体系，支撑费控功能应用。2005 年，国家电力监管部门（国家电力监管委员会，国家能源局）发布《电力二次系统安全防护规定》〔电监会 5 号令〕，也对电力系统内部信息安全做出明确规定。

费控智能电能表总体分为本地费控智能电能表和远程费控智能电能表两种类型。

1. 本地费控智能电能表

本地费控智能电能表是在智能电能表本地实现费控功能的电能表，实现电能表本地计量、本地计费和本地费控。

本地费控智能电能表支持以 CPU 卡或射频卡等作为固态介质进行充值及参数设置，同时也支持通过虚拟介质远程实现充值、参数设置及控制功能。本地预付费与远程预付费是本地费控智能电能表所应具有的两种预付费方式，而费控功能则都是在智能电能表本地内部实现的。

本地费控智能电能表的主要功能特点有：

（1）射频卡读取速度较慢，一般购电操作 3s 完成读卡，若更新大量参数则控制在 10s 内，需要设备读卡算法补充（刷卡成功的提示方式），刷卡直至看见成功提示再取卡。

（2）电能表剩余金额触发报警，首次电费不足的跳闸可手动复电，提醒用户及时购电，直至金额不足才跳闸。

（3）剩余金额可在电能表和交互终端上查询。

（4）丢失用户卡后，可补发，但需要将补发的用户卡插入电能表一次再后续购电，原用户卡失效。

（5）开放远程充值功能，远程充值到电能表，未充值成功补发用户卡。

本地费控智能电能表工作模式示意图如图 2-14 所示。

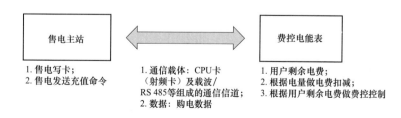

图 2-14　本地费控智能电能表工作模式示意图

2．远程费控智能电能表

远程费控电能表不支持本地计费功能，智能电能表仅实现计量功能，计费功能由远程主站/营销系统完成。当用户欠费时，由远程主站/售电系统发送拉闸命令，给用户断电；当用户充值后，远程主站/售电系统再发送合闸命令，为用户合闸，远程费控智能电能表工作模式示意图如图2-15所示。

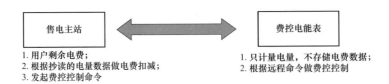

图 2-15　远程费控智能电能表工作模式示意图

远程费控智能电能表的主要功能特点有：

（1）拉闸。当用户欠费时由远程主站/售电系统发送拉闸命令，使电能表负荷开关断开，停止用户用电。

（2）直接合闸。当用户充值后，远程主站/售电系统发送直接合闸命令，使电能表负荷开关或电能表外置智能微断开关直接合闸。

（3）合闸允许。当用户充值后，远程主站/售电系统发送合闸允许命令，使电能表负荷开关进入允许合闸状态，用户手动合闸后恢复用电。

（4）手动合闸。手动合闸方式为按显示按键，否则电能表输出仍为低（跳闸状态），手动推断路器不能闭合。

（5）报警。当剩余金额小于或等于（系统主站）设定的报警金额时，远程主站/售电系统发送报警命令，电能表应能以光或其他方式提醒用户充值，如通过电能表点亮背光，显示"请购电"的方式提醒用户充值。

（6）报警解除。当用户充值后，剩余金额大于设定的报警金额时，远程主站/售电系统发送报警解除命令，取消电能表的报警状态。

（7）交互终端也有相关的显示提示。

（8）保电。通过远程主站/售电系统发送保电命令，使电能表负荷开关不执行任何情况引起的拉闸操作，直至解除保电命令。

（9）保电解除。通过远程主站/售电系统发送保电解除命令，使电能表恢复到本地跳闸、远程跳闸、合闸等命令允许状态，保电解除命令只有对处于保电状态的电能表才有效。

（10）特殊考虑。针对特殊用户如医院，或针对特殊不适宜断电的情况，防止跳闸断电造成意外。

目前，低压居民及专变用户的计量数据大多通过公网进行自动传输，存在易被篡改、窃取的风险；且各基层单位在试点费控体系时，电能表终端的加密方式各有不同，没有形成一个完整的安全体系，埋下了安全隐患，这些信息的采集和传输必须有安全保障。

中国南方电网有限责任公司在原有费控体系的基础上，通过建立网、省、地三级计量密钥管理系统，实现密钥的生成、传递、备份、恢复、更新、应用的全过程管理，并研发国家认证密码算法的安全芯片，安全芯片密钥注入环境通过国家密码局检查，被明确授予南方电网公司安全芯片生产定点单位资质。南方电网公司费控智能电能表的交互终端如图2-16所示。南方电网公司"安全费控体系"在 2014 年全面推广，并制定费控标准，在费控体系的基础上升级建立安全费控体系，安全费控体系通过研发采用国家认证密码算法的安全芯片，在智能电能表端以硬加密的形式，保证数据安全。南方电网公司费控体系建设将支撑公司逐步推进"先付费后用电"经营模式，有效解决欠费难题，安全费控体系推广重在电能表的更换，费控智能电能表将率先在新建小区和新增用户中安装，预计至 2019 年，直供直管范围内用户和公用配变考核计量点的用电信息将实现准实时采集，全面支持预付费控制。

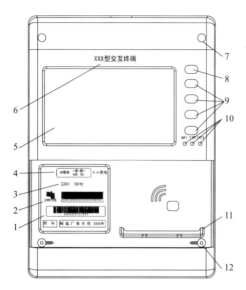

图 2-16　中国南方电网有限责任公司的费控交互终端
1—条形码；2—Logo；3—电压等参数；4—模块显示；5—液晶区域；
6—交互终端型号及名称；7—上端子盖封印；8—红外通信口；9—按钮；
10—指示灯；11—卡托；12—下端子盖封印螺钉

第3章

下行通信技术及应用

低压集抄系统中采集终端到智能电能表端的下行通信部分，对集抄系统运行的可靠性、稳定性起着关键作用，其目前主要采用电力线载波、微功率无线、双模（电力线载波＋微功率无线）、RS 485、塑料光纤等通信技术。本章首先介绍通信基础知识，然后逐个阐述各种下行通信技术的特点、应用及发展趋势。

3.1 通信基础知识

3.1.1 通信系统的基本模型

通信系统是指实现信息传递所需的一切技术设备和传输媒介。通信系统的基本模型如图 3-1 所示，它描述了一个通信系统的基本组成，反映了通信系统的共性，低压集抄系统的通信模型也属于该类型。

图 3-1 通信系统的基本模型

（1）信源又称为消息信号或基带信号，是消息的产生地，其作用是把各种消息转换成原始电信号，低压集抄系统的系统主站、采集终端、智能电能表就是信源。

（2）发送设备的基本功能是将信源与通信信道匹配起来，将信源产生的消息信号变换成适合在通信信道中传输的信号，如信号调制、编码等。

（3）通信信道是指传输信号的物理媒介，如无线通信的通信信道是大气（自由空间）、电力线载波的通信信道是电力线。

（4）干扰源是通信信道中其他通信系统的信号源，且对本通信系统有干扰的部分，是通信系统中各种设备以及通信信道中所固有的特性信号源。

（5）接收设备的基本功能是完成发送设备的反变换，即进行解调、译码、解码等，能够从带有干扰的接收信号中正确恢复出相应的基带信号。

（6）信宿是传输信息的归宿点，其作用是将复原的基带信号转换成相应的消息。

3.1.2 低压集抄系统通信模型

1978 年，国际标准化组织（Interrnational Organization for Standardization，ISO）制定一个用于计算机或通信系统间互联的标准体系，命名为 OSI（Open System Interconnection）七层参考模型，分别阐述了应用层、表示层、会话层、传输层、网络层、数据链路层、物理层七层的定义和功能。

低压集抄系统通信模型的协议栈结构基于OSI 七层参考模型，重新定义为物理层、数据链路层、网络层和应用层四层通信模型，通信模型如图 3-2 所示。

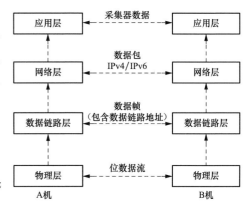

图 3-2　低压集抄系统通信模型

（1）物理层定义的内容如下：

1）通信频率资源（如工作频点、工作带宽、信道数量等）。

2）输出功率限值（如工作频率 470～510MHz 的微功率无线发射功率限值为 50mW 等）。

3）调制方式（如 FSK、MSK、PSK、QPSK、8PSK、QAM、OFDM 等）。

4）中心频率与调制频偏（如 270kHz±15kHz 等）。

5）介质码元速率（物理层比特速率）。

6）数据信道的编码方式和数据白化方式、信道切换方法。

（2）数据链路层定义的内容如下：

1）带冲突避免的信号侦听多址接入（CSMA-CA）控制机制。

2）时分多址接入（TDMA）控制机制。

（3）网络层定义的内容如下：

1）在指定的通信信道组建网络（网络建立过程等）。

2）新增模块加入一个正常工作的网络。

3）为到预定目的地的帧寻找路由（采集终端发起抄表命令后，网络层提供从源到目的的路径）。

4）端到端的数据传输、确认和重传（网络维护过程等）。

5）应用层维护功能，包括时间上报、模块复位、手持设置等。

（4）应用层定义的内容如下：

1）管理设备的配置信息（如资产编号、用户号等）。

2）网络中设备的类型（如中心节点模块、子节点模块、电池供电节点等）。

3）定义设备应用接口通信协议类型（通信协议类型有 DL/T 645、MODbus、IEC62056 DLMS/COSEM 等）。

3.2　电力线载波通信

3.2.1　通信模型

电力线载波通信（pawer line communication，PLC）专指利用传输电能的电力线进行高频电信号的传输，完成数据传输的一种通信方式，PLC 和普通通信线路载波通信的通信原理基本相同。

因为电力线是专为传输工频电流而建设的线路，不是为数据传输而设计的线路，所以，电力线载波通信利用电力线实现通信需要克服诸多技术难点，如噪声干扰、阻抗失配、传输损耗和时变特性等电力线通信信道传输特性给数据传输带来的各种影响。电力线载波通信模型如图 3-3 所示。

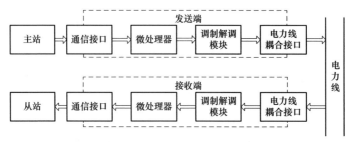

图 3-3　电力线载波通信模型

电力线载波通信的具体通信过程分为信号发送和信号接收两个阶段。

（1）信号发送。主站将要发送的数据发送到通信接口，发送端的通信接口接收数据，并通过微处理器对需要发送的数据进行处理，在经过编码、调制后，信号通过电力耦合接口发送到电力线上。

（2）信号接收。经过电力线传输后，接收端通过电力线耦合接口收到信号，在对信号进行解调、解码后，通过通信接口传回从站。其中主站和从站均采用双工模式工作，可以同时发送和接收信息。

3.2.2　通信信道特征

在利用电力线作为通信信道进行数据传输时，必须要考虑电力线自身的固有特性对数据通信的影响。

1. 输入阻抗特性

输入阻抗特性是低压电力线传输特性中最重要的参数，在没有电力设备负载的理想情况下，电力线的阻抗分布是均匀的。在实际电力线中，由于受分布电感和电容的影响，频率衰减增大，输入阻抗将降低，不同电力线载波通信频率在不同负载类型的阻抗变化均不相同，因此难以建立特定电力线通信网络的模型，仅可通过通用模型图分析电力线通信输入阻抗变化趋势，电力线载波通信输入阻抗通用模型如图 3-4 所示，对不同的电力线载波通信技术，耦合电路差异较大。

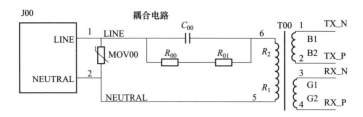

图 3-4　电力线载波通信输入阻抗通用模型

对于普通电力用户，通常使用 220V 两相交流电供电，由于电网负载连续不断的接入与切出，如电动机的启动停止、电器开关的操作等随机事件的发生，电力线通信信道表现出了很强的时变性，电力线上不同位置的输入阻抗也会不同。在由许多电阻、电容和电感组成的网络中，从不同的点上看进去，输入阻抗也不尽相同。一般来说，居民家庭用电设备在白天及傍晚使用较多，夜晚使用较少，使得电力线呈现的阻抗特性在白天及傍晚较低（阻抗值较低，即负载较重），夜晚相对较高（阻抗值较高，即负载较轻）。

鉴于电力线通信信道的输入阻抗伴随着地点、时间、频率的不同而发生随机的变化，对于单个工作频率或几个工作频率，阻抗随着负载的轻重发生变化。

2. 信号衰减特性

高频信号衰减是电力载波通信技术在实际应用中存在的主要问题，电力线是一根分布不均匀的传输线，各种各样的负载随机的接入与切断，导致高频信号在传输的过程中出现较大的衰减。衰减主要来源于发射机和电力线通信信道的耦合衰减和在电力线信道上传输产生的线路衰减，电力线路衰减对电力线载波通信的影响更为显著。

低压电力线使用的金属导线组成成分一般是铜、铝，铜、铝，其阻抗较小，而且阻抗特性与工作信号频率的关系不大，相对比较稳定，电力线上的线路衰减特性主要取决于电力线上连接的各种负载的特性，同时与通信节点所处电力线上的地理位置和电力线配电网络的连接方式和分布有很大关系。不同性质的负载对信号的衰减产生的影响不同，同时由于电力线网络有多个分支，通信信号在电力线上会产生多径传播，在电力线上某些节点处会产生频率选择性衰减。从整体而言，信道信号衰减与通信距离和通信信号的频率有关，通信距离越远通信信号衰减越严重，同时信号的衰减随频率的增加而逐渐加强。

在短距离电力线上，信号衰减较小，而且信号衰减基本上不随频率的变化而改变；而对长距离电力线，信号衰减随频率的变化非常明显，信号衰减随频率的增加而增强，同时在某些信号频率点上有较大波动，个别频率点上信号衰减很大。对比相同的线路在白天和夜晚的不同测试结果，可以发现夜晚的信号衰减基本上比白天要小，这与电力线上负载的变化有很大关系。

3. 干扰特性

电力线上的干扰大致分为人为干扰和非人为干扰。人为干扰主要是由与电力线相连的用电设备产生的，对通信质量影响较大，如用电设备的开关电源工作频率谐波、变频电气的工作谐波。非人为干扰是指一些自然现象在电力线上引起的干扰，如雷击。

对以上的干扰复杂特性进行简化分析，可将干扰大致分为周期性的连续干扰、周期性的脉冲干扰、突发性的随机干扰、时不变的连续干扰。一般来说，周期性的连续干扰和周期性的脉冲干扰占主导地位。

低压电网中的噪声几乎完全来源于用电器，部分来源于空间噪声串扰。其中，噪声的类型由用电器的功能电路决定，而噪声对低压电网的影响则与用电器的接口电路密切相关。低压电网用电器干扰特性按产品分类示意图如图 3-5 所示。

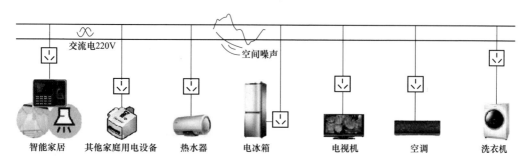

图 3-5　低压电网用电器干扰特性按产品分类示意图

有公司对低压电网中多种常用家用电器的负载特性进行了现场录波，为电力线载波通信的抗干扰算法提供了理论依据。其中，家用消毒碗柜的开机干扰波形三维频谱图如图3-6所示。电动车充电器工作噪声频谱图如图3-7所示。

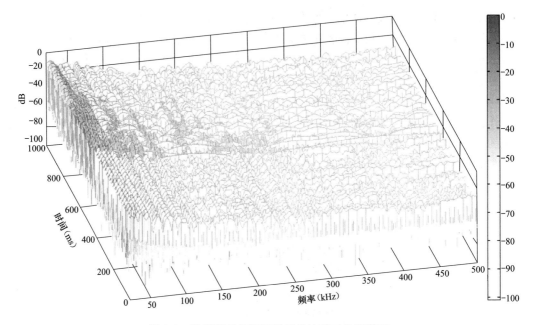

图3-6　家用消毒碗柜开机干扰波形三维频谱图

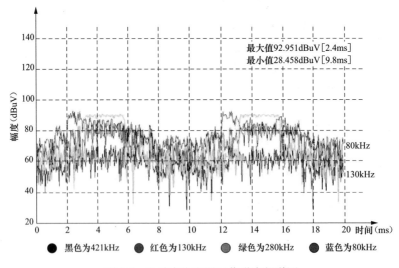

图3-7　电动车充电器工作噪声频谱图

从以上频谱图可以看出，干扰主要集中在150kHz以下，随着频率的升高，电器自身的干扰影响变小。大量的测试表明，国内低压电网的干扰主要在200kHz以下，因此，在国内常用的电力线载波技术方案中电力线载波工作频点通常在200kHz以上。

3.2.3　通信组网特性

由于低压电力线载波通信的特殊通信信道特性和网络结构，使得低压电力线通信网络组网具有以下特点：

（1）通信环境较恶劣，可直接通信的距离有限。这是由电力线多噪声、强衰减的特性造成的，使得信号在电力线较恶劣的信道环境中能传输的有效距离一般只有几百米。但是一般低压配电网的面积很大，已经超出信号在电力线上传输的有效距离。尤其是在农村地区，由于住户十分分散，一个集中器可能需要管理很大的面积，有时集中器与通信终端（采集器或智能电能表）之间可能相隔几千米，这显然超出了直接通信的范围。

（2）通信介质共享信道。在同一个供电变压器下，电力线载波信道是完全共享的。信息广播发布，所有的通信节点都共享同一个信道，又因为电力线通信的信道特点，使得通信终端不能保证能够收到正确的信息。

（3）网络物理拓扑和逻辑拓扑具有不确定性。电力线通信组网具有很多网络的特征，这是由于电力线网络的信道环境使得各节点之间的通信状况会随机地变化。传统的固定路由方法无法适应电力线通信网络的时变性，不可能保证电力线通信系统长期可靠的运行。而且，在配电网中新用户的加入，用户的搬迁以及更换各种元器件，甚至各种电器的接入或者断开，都会使原有的物理拓扑发生改变。

（4）一对多通信。这主要是指在控制网中，各终端之间不进行直接的通信，只需要在中心节点与它负责控制的各个通信终端之间进行通信，而各终端之间不需要进行直接的通信。因此，只需要保证中心节点（如集中器）与所有终端节点可靠，就可以稳定地通信。

（5）处理数据能力较弱。在窄带电力线通信系统中没有专用的交换机和路由器，从节点不具备数据处理能力，或者只具备较弱的数据处理能力，数据处理工作只有靠数据处理能力相对比较强的中心节点来完成。

（6）功率大小受限。由于相关法规的限定，低压电网里发射的信号功率不能过大，因为过大的功率会造成谐波干扰，影响电网中电器的正常工作。

基于以上特性，低压电力线通信网络的组网必须满足以下两点才能满足实际应用需求：

（1）自组织能力。在实际的使用中，由于电力线信道的环境恶劣，各通信终端之间的通信质量不能得到保证，并且随时都会发生变化，不可能使用固定组网的方式来组建网络。因此，要求系统本身要具有自组织能力，在网络物理拓扑未知且没有任何网络信息的情况下，系统能自发组建网络，并优化网络结构。

（2）自适应能力。由于低压电力线网络的高时变性，通信终端之间通信质量和网络的物理拓扑随时都会发生变化，这就要求系统本身可以对网络进行更新或者重构，即具备一定的自适应能力。

3.2.4　常见动态路由算法

目前主流的电力线载波通信动态路由算法主要分为分级式和分布式两大类路由算法。分级式路由算法以洪泛算法、分簇算法为代表；分布式路由算法以蚁群算法、改进的 AODV 算法为代表。

1. 洪泛算法

洪泛算法（flooding algorithm）是电力线载波路由协议中使用最广泛的动态路由算法。洪泛算法是一种很简单的分级广播算法，其基本思想为：当一个节点收到一个非重复的广播消息时，立即将此消息转发给所有与其相邻的网络节点。洪泛算法会试用从源节点到目的节点的所有可能路由，因此就算链路或者节点发生故障，数据包也可以找到一条到达目的节点的路径，具有一定的抗毁性。又因为洪泛算法试用所有可能的路由，所以在到达目的节点的所有数据包中必定有一个会最先到达，因此使用该算法端对端的延迟时间也是最短的，以上特性使洪泛算法具有一定的可靠性和高效性。

洪泛算法中所有网络节点都参与洪泛，只有网络孤点无法通信，其他的节点都能够建立有效的路由，因此电力线物理层特性变化对组网过程的影响不大，而且节点之间没有主从之分，方便节点自动上报。但是，正因为在该算法中网络的所有节点都参与广播数据包，使得数据包在网络中重复传播，导致网络状况以几何数量恶化，最后产生广播风暴。虽然可以限制数据包重复传播或者给数据包设置一个生命周期（生命周期结束时，丢弃该数据包），但还是无法有效地限制网络中数据包的总量，大量重复的数据包会占用大量带宽，使网络负荷急剧增加，网络的性能和效率因此大打折扣，延迟时间增大，重复的信息频繁冲突碰撞，最终还是会导致广播风暴。由于网络中的数据量较大，对节点的运算和存储能力都有较高要求，而低压电力线网络的弱数据处理能力显然无法很好地满足洪泛算法。

2. 分簇算法

分簇算法（clustering algorithm）的主要思想是将网络划分成多个簇，每个簇中由一个遵从选择规则或者根据算法挑选出来的"簇头"和其他若干个"簇员"组成。"簇头"负责协调和管理所在簇内的其他所有节点。这些"簇头"形成了比"簇员"高一级的网络，而在高一级的网络中还可以再将"簇头"作为更高一级网络的"簇员"进行分簇，直到达到最高一级分簇算法，该算法目前广泛应用于自组网。

鉴于低压电力线网络与自组织网具有一定的相似性，一些学者将分簇算法主要应用到电力线载波通信网络中。电力线载波网络使用的分簇算法可以分为交叠式分簇算法和非交叠式分簇算法，它们之间的主要区别就是"簇员"是否可以属于不同的分簇。

3. 蚁群算法

蚁群算法（ACO）（又称蚂蚁算法）是一种用来在图中寻找优化路径的概率型算法。它由 Marco Dorigo 于 1992 年在他的博士论文中提出，其灵感来源于蚂蚁在寻找食物过程中发现路径的行为，蚁群算法路径探索示意图如图 3-8 所示。

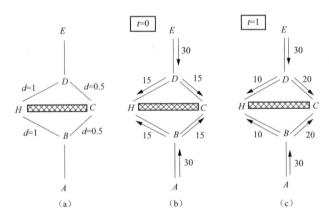

图 3-8　蚁群算法路径探索示意图
(a) 路径 1；(b) 路径 2；(c) 路径 3

蚁群算法是一种模拟进化算法，初步的研究表明该算法具有许多优良的性质。近年来，蚁群算法已广泛应用在自组织网络中，在研究中人们发现低压电力线载波网络与自组织网络存在很多相似之处，因此，目前蚁群算法也被广泛应用于低压电力线载波网络路由、组网、拓扑发现、线路抢修等方面。

蚁群算法和其他的启发式算法一样，在很多场合都得到了应用，并且取得了很好的结果。但是同样存在着很多的缺点，例如收敛速度慢、容易陷入局部最优等。对于这些问题，还需要进一步的研究和探索，另外蚁群算法的数学机理至今还没有得到科学的解释，这也是当前研究的热点和急需解决的问题之一。

4. 改进的 AODV 算法

AODV 是一种重要的 Ad Hoc 网络按需路由协议，它只在源节点需要时才生成路由，AODV 路由协议以其网络开销、算法复杂度等大部分性能指标优于其他同类协议而受到广泛关注，被认为是最有实用前景的 Ad Hoc 网络路由协议之一，已被国际互联网工程任务组（IETF）标准化。当一个节点（源节点）要与网络中的另一节点（目的节点）通信而源节点的路由表中没有到目的节点的合法路由信息时，源节点就会发起路由寻找过程。路由请求（route request，RREQ）报文中记录着发起节点和目的节点的网络层地址，邻近节点收到路由请求，首先判断目的节点是否为自己，如果是，则向发起节点发送路由应答（route re-plies，RREP）；如果不是，则首先在路由表中查找是否有到达目的节点的路由，如果有，则向源节点单播路由应答，否则继续转发路由请求进行查找。改进的 AODV 算法路由请求步骤示意图如图 3-9 所示。

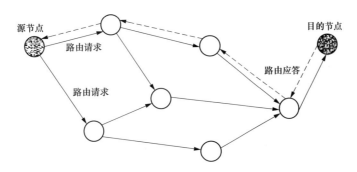

图 3-9　AODV 算法路由请求步骤示意图

目前，关于 AODV 的各种改进算法比较多，重点均为试图解决恶意攻击、路由黑洞等问题。其中，基于能量均衡的 AODV 路由改进算法，在微功率无线通信技术的组网应用非常普遍。

3.2.5　技术特点

电力线遍布城市、农村甚至偏远山区，电力线载波通信与传统通信方式相比，具有以下特点：

（1）投资成本低。由于电力线载波通信技术有效地利用了现有的电力线信道，而不需要进行额外的网络建设，大幅地减少了发展新的通信技术所需要的前期投资成本。

（2）覆盖面广。电力线网络是覆盖面积最大的网络，其规模也是其他的网络都无法比拟的。电力线网络基本铺设到每一个家庭，也为现代智能家居和互联网带来了巨大的发展空间。

（3）永久在线。使用电力线作为通信信道，实现了"即插即用"，无须进行其他烦琐操作，只需要保证所用设备能够接入电源即可确保设备能够接入网络，插上电源设备就能永久在线。

（4）方便使用。无须根据用户的房屋结构重新设计网络的拓扑结构，可以保证信号遍布到房间的任意角落。通过连接到房屋里的插座，就能够享受到电力线载波通信技术带来的网络服务。

电力线不同于同轴电缆、双绞线、光纤等传输介质，电力线最初的设计功能是传输电能，虽然，目前使用电力线通信具有一定的优势，但电力线通信应用还是具有很高的技术门槛，而且暂无统一的技术标准，更增加了电网企业对通信厂商的依赖性。

电力线通信依托的传输介质是电力线，对通信来说，因电力线有各种不同的负载，导致其阻抗、干扰是实时变化的，这些负载具有以下特性：

（1）负载的接入和断开随时间不断变化。

（2）负载阻抗是频率的函数。

（3）电器本身在用电过程中产生各种干扰，包括脉冲干扰、连续干扰、宽带干扰及窄带干扰，在500kHz以下的频段，调光器、开关电源、电力线内部通话设备、通用串联线圈电动机（如豆浆机、热水器）等电气设备，都是电力线通信的噪声源。

这些负载特性的综合效应，再加上电力线本身对信号的衰减及终端阻抗不匹配产生的信号反射，使得低压电力线载波信道呈现极不平坦的频率响应特性且随时间变化，同时受频率选择性、时变性干扰。此外，由于用电负载及负荷的不同，在不同的地区、不同的地点，这种频率响应特性及干扰特性也会不同。

在不同频率下的电力线环境噪声幅值示例如图3-10所示，图中可以看出低压电力线上频率越低，噪声值越大。

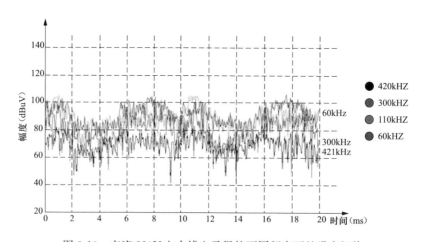

图 3-10　交流 220V 电力线上录得的不同频率下的噪声幅值

电力线电压峰值和过零点的噪声幅值示例如图3-11所示，从图中可以看出低压电力线电压峰值附近的噪声大于过零点附近的噪声值。

现阶段，虽然电力线载波通信技术具有诸多应用优点，但还是存在一定的技术缺点：

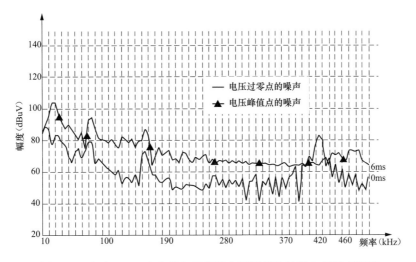

图 3-11 交流 220V 电力线上录得的电压峰值和过零点的噪声幅值

（1）信号衰减大、通信信道干扰大。电力线不是专用的通信线路，电力线上还存在着大量非线性用电负荷和用电设备（如开关电源、晶闸管、IGBT 功率开关），这些器件极大地干扰了载波信号，使载波信号的衰减非常严重。电力信号衰减主要由线路衰减决定，衰减值与距离成正比，不同地方的单位公里衰减值不一样。对于某些干扰大，距离远的地方，为了补偿线路对信号引起的衰减，需要借助中继器来满足正常通信的要求，增加了通信的成本。

（2）保密性。电力线载波通信网络是开放性结构，虽然采用了相应的技术保护措施，但通信安全还是难以保证。

（3）稳定性。电力线作为传输电能的线路，线路上用电设备的通断电和使用都会对电力线载波通信产生干扰，影响通信质量。

（4）电磁兼容问题。虽然对电力线载波通信的功率有限制，但电力线载波通信对电力线路还是带来一定的电磁干扰。

3.2.6 技术分类

1. 按占用频率带宽分类

电力线载波通信可以分为窄带电力线载波通信（NB-PLC）和宽带电力线载波通信（BPLC）。

（1）在不同国家和地区，窄带电力线载波通信的工作频率范围和标准是不同的。如美国窄带电力线载波通信的工作频率为 50～450kHz，欧洲为 3～148.5kHz（其中 95kHz 以下用于接入通信，95kHz 以上主要用于户内通信），中国则为 40～500kHz。

（2）在许多国家和地区，宽带电力线载波通信的工作频率和用途也是不同的，如美国宽带电力线载波通信的工作频率为 4～40MHz，主要应用于智能家居户内设备通信。欧洲规定两种不同工作频率范围，欧洲电信标准组织（ETSI）规定的是：接入通信工作频率为 1.6～10MHz，户内通信工作频率为 10～30MHz，标准分界点为 10MHz，而欧洲电工标准化委员会（CENELEC）标准分界点为 13MHz，欧盟委员会从 2002 年开始正在协调统一。在中国，国家能源局发布的电力行业标准中规定，低压电力线通信宽带接入系统有基本频带（1～30MHz）和扩展频带（30～100MHz）两个工作频率范围。

2.按数据传输速率分类

电力线载波通信可以分为低速电力线载波通信（LS-PLC）和高速电力线载波通信（HS-PLC），电力线载波通信的数据传输速率分界线一般为10kbit/s，凡数据传输速率在10kbit/s以下的电力线载波通信均属于LS-PLC范畴。

3.2.7 窄带（低速）电力线载波通信

窄带（低速）电力线载波通信技术主要采用ASK（幅移键控）、FSK（频移键控）、PSK（相移键控）等单一调制方式。

1. ASK调制

ASK调制是指载波幅度随着调制信号而变化，对二进制振幅键控调制，最简单的方式就是用二进制调制信号控制载波信号的通断，故也称为开关键控法。

ASK调制抗噪声干扰能力较差，抗衰落能力较弱，一般只适用于恒定参数通信信道；在电力线载波通信信道中，通信性能表现不如PSK、FSK调制方式，传输过程中会产生较多误码。ASK调制技术只在最初的电力线载波通信中使用，现在已经很少使用。

2. FSK调制

FSK调制是目前在窄带（低速）电力线载波通信中最常用的一种调制技术，其用数字信号调制载波的频率，是信息传输中使用得最早的一种调制方式，它实现起来较容易，抗噪声与抗衰减的性能较好，在中低速数据传输中得到广泛应用。

目前使用广泛的电力线载波通信主要采用窄带单一调制技术，在低频段范围内最高传输速率可达几千bit/s。FSK中的载波信号0和1分别对应两个不同的载波频率，FSK形式有二进制频移键控（BFSK）和高斯频移键控（GFSK）调制方式。

3. PSK调制

PSK调制发送的信息包含在载波的相位变化中。在二进制PSK中，幅度恒定的载波信号，其相位根据发送的二进制信号的不同在两个不同的相位间切换，通常两个相位相差180°，可以用载波的0°和180°相位分别表示二进制的0和1。

PSK调制应用广泛，具有良好的抗干扰性，在信噪比一定的情况下，系统的误码率比ASK、FSK都低，在有衰落的信道中也能获得很好的效果。但是，单一PSK调制技术则对相位延迟非常敏感，要求在接收机上有精确和稳定的参考相位来分辨所使用的各种相位，相位识别较复杂。PSK形式有BPSK（binary phase shift keying，二级制相移键控）、QPSK（quadrature phase shift keyin，正交相移）、8PSK等多种调制方式。

国内部分通信厂商窄带（低速）电力线载波通信技术参数见表3-1。

窄带（低速）电力线载波通信技术特点：

（1）FSK、PSK调制技术发展成熟，在低集抄系统中已规模化应用十几年。

（2）基于固定某个或某几个工作频点调制信号，进行数据传输，数据传输速率较低。

（3）对窄带干扰不具备自适应能力。

（4）对频率选择性衰落不具备自适应能力等方面的局限性导致通信质量不稳定。

（5）由于物理层的性能局限性，通常在网络层采用了非常复杂的算法来进行弥补，从而降低了数据传送的可靠性和速度，无法保证通信的实时性，抄表一次成功的概率不高。

表 3-1　　　　　　国内部分通信厂商窄带低速电力线载波通信技术参数一览表

通信厂商			调制方式	中心频率（kHz）	载波通信速率（bit/s）	中继深度	典型型号
青岛鼎信通讯有限公司			BFSK	421	50/100/600/1200 自适应	15	TCC081E
青岛东软载波科技股份有限公司	2代		BFSK	270.47	330	7	ES16U PLCI36C
	3代					15	PLCI36-Ⅲ
	3.5代					15	PLCi36-Ⅲ-E PLCI36G-III-E
	4代	BFSK		270.47	100/200/300/330/600/800 自适应	15	SSC1641
		BFSK DBPSK		270.47	330/1000/1500 自适应	15	SSC1643
深圳力合微电子有限公司			BFSK	421	50/100/200	7	LME2210B
珠海中慧微电子有限公司			MSK	270	330	7	SWNP270S
			MSK	421	50/100	16	SWNP421S
北京福星晓程电子科技股份有限公司			BPSK	120	500	7	PL3107
瑞斯康微电子（深圳）有限公司			BPSK	132	5400	不受限制	RISE3501
弥亚微电子（上海）有限公司			QPSK	76.8	200～1920	7	MI200E
珠海钱龙载波系统有限公司			BFSK	421	50/100/200 自适应	15	LT808D1
深圳芯珑电子技术有限公司			BFSK	270	50/100/330/1200 自适应	7	DM630
			BFSK	421	50/100/330/1200 自适应	15	DM630
成都博高信息技术股份有限公司			FSK	421	800/2400	8	BGP01BUL0

备注：以上通信技术参数随着技术的发展可能发生变化，各通信厂商产品也在不断更新换代，新增产品及技术参数内容不包含在本表内。

3.2.8　窄带高速电力线载波通信

因窄带（低速）电力线载波通信技术存在数据传输速率低、抗干扰能力较弱、通信质量不稳定等缺点，各通信厂商研究具备多子载波通信的 OFDM 技术（正交频分复用调制技术）并开发相关产品。

OFDM 是 20 世纪 60 年代提出的一种基于多载波的数字调制技术，这种技术首先将输入的数据流进行串并转换，得到多个数据码流后进行并行传输。作为多载波技术，OFDM 与单载波调制技术的不同在于，当某个频率上出现衰减或者某个时间点上发生干扰，单载波调制技术有很大的可能性使单载波所在的整个信道失效，从而导致整个通信链路连接失败；而 OFDM 只是其中的一个或少数的几个子载波受到干扰，大多数子载波仍然携带正确数据，OFDM 中纠错机制可以更正部分错误信息，极大地降低了误码率。多个子信道同时传输数据，提高了数据的传输速率，子信道越多，数据的传输速率越高。因此，OFDM 技术的抗衰减和抗干扰能力很强，传输速率相对单载波也成倍的提高。OFDM与传统的并行多载波技术的不同之处在于，传统的并行多载波技术的信息是由多个子信道传输，子信道之间互不干扰，子信道之间的频率也互不相同，即传统的并行多载波技术有一定的抗干扰能力，但是同时这种能力降低了其频带利用率。而OFDM的各个子载波之间是正交关系，其信道所占的频带互相混叠，所以OFDM在有抗干扰能力的同时还有较高的频带利用率。国内部分通信厂商窄带高速电力线载波通信技术参数见表3-2。

表3-2　　　　　　　　国内部分通信厂商窄带高速电力线载波通信技术参数一览表

通信厂商		调制方式	中心频率	载波通信速率	中继深度	典型型号
青岛东软载波科技股份有限公司	5代	OFDM	330.47kHz	5.6～45kbit/s	7	SSC1653
	5代双模	OFDM（载波）GFSK（微功率无线）	30.47kHz 470～510MHz	5.6～45kbit/s自适应；10bit/s	15	SSC1653 RFT5361
	6代	OFDM	2-12MHz	100kbit/s～25Mbit/s自适应	15	SSC1663
深圳力合微电子有限公司	390模式	OFDM	390kHz	信道速率60kbit/s（QPSK）；工频过零模式速率20kbit/s	7	LME2980
	352模式	OFDM	352kHz	信道速率60kbit/s（QPSK）；工频过零模式速率20kbit/s	7	LME2980
杭州海兴电力科技股份有限公司	G3-PLC	OFDM	3～95kHz	46kbit/s（Robo）	15	MPG01/MPG03/MPG16
	PRIME	OFDM	41.9～88.8 kHz	21.4kbit/s（DBPSK卷积码关闭）	15	MPG01/MPG03
青岛鼎信通讯有限公司		BFSK	421kHz	码元速率：13.3kbit/s	15	TCC081F

备注：以上通信技术参数随着技术的发展可能发生变化，各通信厂商产品也在不断更新换代，新增产品及技术参数内容不包含在本表内。

在国际上，窄带高速电力线载波通信技术主要指符合iTU-T G.9904国际标准的PRIME和符合ITU-T G.9903国际标准的G3-PLC两种通信技术。

1. PRIME

2007年，西班牙电力公司（IBERDROLA）发起一项旨在确保电力线载波抄表的可靠性和实时性的计划——PRIME计划。这个计划重在开发一套便于智能抄表管理的AMI构架，这套框架坚持公用性、公开性和标准化。参加这个项目的公司都是国际上在抄表行业领先的公司，如Ateml、STMicro electronics、Landis＋Gyr（兰吉尔）、Texas Instruments、Usyscom和ZIV。

PRIME协议具有的开放性，使不同厂商的产品能实现互联互通，这不仅降低了电力公司大规模建设AMI的成本，同时其具有的技术前瞻性，也适应未来智能电网发展对通信速率的要求。

PRIME使用CENELEC-A频段的41.992～88.867kHz频带，可实现21～128kbit/s的数据传输速率。PRIME采用OFDM调制技术，采用BPSK、QPSK和8PSK多种调制方式，可以支持97个子载波（1个导频子载波和96个数据子载波），每个子载波采用2.24ms长符号、2ms 序符号和 4.48ms 开头符号。为了避免重复发送和 RS 纠错的复杂性，它采用了能效比原来子载波高 3 倍的符号来提高通信稳定性。副载波的间隔频率为 488.28125Hz。

PRIME 通信技术拥有完备的认证体系，只有符合《PRIME Certification Service Node》（PRIME 业务节点证书）和《PRIME Certification Base Node》（PRIME 基础节点证书）白皮书并认证合格的产品才可以使用，PRIME 联盟已授权荷兰 KEMA 实验室、西班牙的 Tecnalia 实验室、德国 TUV 实验室等多个权威实验室认证 PRIME 通信产品（集中器、采集器、智能电能表等），这也是各电力公司竞相采用该技术的原因之一。

PRIME 通信技术在欧洲范围的西班牙、葡萄牙应用较广泛，在西班牙 12 个地区已完成换装 30 万台智能电能表，新智能电能表均具备 PRIME 通信方式。在 2012 年，继西班牙电力公司（IBERDROLA）宣布增购 100 万台符合 PRIME 标准的智能电能表后，包括 HC Energía、Gas Natural Fenosa 等西班牙公司以及葡萄牙 EDP Distribution 公司也大量换装智能电能表，吸引包含中国智能电能表厂商在内的多家智能电能表制造商角逐。

在我国，PRIME 通信技术仍在实验室或小批量使用阶段，暂无大规模应用案例。

2. G3-PLC

2009 年，法国电网输送公司（ERDF）主导开发了 G3-PLC 通信，用于自动抄表管理，该标准也是一种使用 OFDM 技术的低频窄带电力线载波通信技术标准，支持 IPv6 技术，拥有 36 个子载波（可最多选配 128 个子载波），可实现在 CENELEC-A 频段中，数据传输速率达到 46kbit/s；支持 FCC、ARIB 多种频段，支持高达 300kbit/s 的数据传输速率。

2011 年，在荷兰阿姆斯特丹欧洲智能电能表会议上，12 家国际智能电网行业领导商宣布组建新的全球合作伙伴联盟 G3-PLC Alliance（简称 G3 联盟），以支持新的电力线通信协议 G3-PLC 的部署。法国电力集团公司（EDF）、思科（Cisco）、德州仪器（Texas Instruments）、兰吉尔（Landis＋Gyr）、萨基姆（Sagemcom）、美信（Maxim Integrated Products）、艾创（Itron）等智能电网行业的主要参与者带头成为该联盟的合作伙伴。这项电力线载波通信技术被广泛认为是当今智能电网界最安全可靠和最具成本效益的通信模式。G3-PLC 已经成为一个面向智能电网通信的全球开放协议，能够对输电网络、能源管理、电动车充电、照明控制、楼宇自动化、再生能源利用以及智能电能表等进行管理、控制和监测。

G3-PLC 的工作频率范围为 10～487.5kHz（在欧洲频段为 CELENEC-A、在美国频段为 FCC、在日本频段为 ARIB 范围内），采样频率 400kHz，子载波间隔 1.5625kHz。G3-PLC 采用 OFDM 技术结合 BPSK、QPSK、8PSK 等调制方法，使用 RS 码、卷积码、RC 码等编码方式。G3-PLC 还采用了升余弦加窗技术，来减小射频发射以及旁瓣频谱。

G3-PLC 窄带高速电力线载波技术与窄带（低速）电力线载波技术参数比较见表 3-3，从表中可以看出 G3-PLC 通信技术的多项性能参数都优于窄带（低速）电力线载波通信技术。

表 3-3　　　　　　　　G3-PLC 与窄带（低速）电力线载波技术参数比较

参数	G3-PLC	窄带（低速）电力线载波
传输速率	最高达到 300kbit/s	最高仅 5.4kbit/s
子载波数量	36（CELENEC-A 频段）/54（ARIB 频段）/72（FCC 频段）	1～2
自适应机制	检测通信链路信号质量，调节载波发送功率	无

参数	G3-PLC	窄带（低速）电力线载波
前向纠错机制	有	无
ROBO 模式	支持 RC4/RC6	不支持
IPv6/IPv4	支持	不支持

与 PRIME 比较，G3-PLC 的主要优势如下：

（1）支持 IPv6 互联网协议标准，这极大扩展了电网连接设备的地址数量，确保支持新的应用。目前普遍使用的互联网 IPv4 地址空间已基本分配完，实现 IPv4 向 IPv6 过渡已迫在眉睫，世界各国已经对 IPv6 地址的部署摩拳擦掌，欧美等发达国家更是将其上升到国家战略层次，IPv6 时代即将来临。由于 G3-PLC 的每一个节点都具有一个 IPv6 的地址，将来启动 IPv6 地址后，可通过主站直接访问到集中器下的每一块智能电能表，集中器就相当于一个交换机，它下面所管理的 G3-PLC 网络就相当于这个交换机下面局域网。因此 G3-PLC 智能电能表就相当于置身互联网中，可以延伸出许多新的需求与应用。而 PRIME 目前只支持 IPv4（预计下一个版本也将支持 IPv6）。

（2）G3-PLC 物理层具有 RS 码、卷积码、重复码三种纠错机制，PRIME 仅具有卷积码纠错机制。

（3）G3-PLC 具有独特的 ROBO（ROBOOST，鲁棒）调制模式，G3-PLC 在这种工作模式下，抗干扰能力达到了极致，在接收灵敏度为 -1dB 时，误码率仍然只有万分之一。

（4）允许在每一个集中器分配更多用户，从而减少集中器的数量，这完全符合 ITU G.hn G.9955 最新标准的要求，而 PRIME 暂未规定此项。

实际上，G3-PLC 和 PRIME 都还在技术演进过程中，随着 PRIME V1.4 标准的发布，使其与 G3-PLC 的差距越来越小。G3-PLC 与 PRIME 电力线载波技术参数比较见表 3-4。

表 3-4　　　　　　　　　G3-PLC 与 PRIME 电力线载波技术参数比较

参数	G3-PLC CENELEC-A	G3-PLC FCC/ARIB	PRIME V1.3.6	PRIME V1.4
采样频率（kHz）	400	1200	250	1000
子载波带宽（kHz）	1.5625	4.6875	0.4883	0.4883
FTT 点数	256	256	512	2048
子载波个数	36	72（FCC）54（ARIB）	97	97Nch
重叠采样个数	8	8	0	0
循环采样前缀个数	30	30	48	192
帧头部分符号个数	13	12（FCC）16（ARIB）	2	2
前导部分符号个数	9.5	9.5	1	1
编码率	1/2	1/2	No 1/2	1/2
ROBO 模式重发次数	4	4	0	4
调制方式	Coherent/Differential	Coherent/Differential	Coherent	Coherent/

在中国电网环境下，经过国内不同厂商测试与对比研究 G3-PLC 和 PRIME 这两种不同标准的通信模块，得出的结论是：在相同位置的点对点通信对比情况下，若增加电力线的干扰，PRIME 通信模块的通信成功率大幅度降低，而 G3-PLC 通信通信模块的通信成功率仍

然可达到 100%。相比于树状结构下的 PRIME 路由机制，G3-PLC 协议中的具有自组织、自愈、多跳式等特定的 mesh 网络拓扑结构下的 Load 路由机制，具有路由修复和路由错误机制，对于电力通信的动态和时变特性更能体现鲁棒性，所以，G3-PLC 将更适合于中国复杂的电网环境。

G3-PLC 标准同样是一项开放性的关于未来智能电网的新技术，已成为几大流行标准（如 IEEE、ITU 和 IEC/CENELEC 等）的基础，这几大标准与 G3 标准之间相互借鉴、融合，在某些技术方面具有互通性。

G3-PLC 协议栈由一个强健的、高性能的基于 OFDM 技术、适应电力线通道环境的物理层、一个基于 IEEE802.15.4 标准的数据链路层、支持 IPv6 和 UDP 协议的网络层、传输层和与 COSEM 体系相兼容的应用层组成。G3-PLC 标准协议栈架构如图 3-12 所示。

G3-PLC 总体架构具有如下优势：

（1）协同性好。能与 IEC 61334、IEEE P1901 和 ITU G.hn 标准系统协同工作。

（2）更加强健安全的通信。基于 OFDM 技术的物理层和基于 IEEE 802.15.4 的 MAC 层以及鲁棒模式和级联纠错编码的使用能够有效克服噪声、脉冲、多径传播、选择性频率衰减的干扰，建立快速稳定的传输，而 128 位的高级加密标准使 G3-PLC 安全性大大增强。

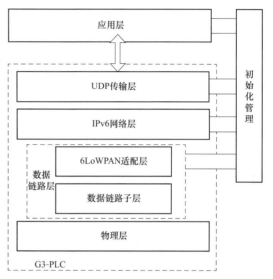

图 3-12　G3-PLC 标准协议栈架构

（3）支持 IPv6 网络。6LoWPAN 适配子层（基于 IPv6 的低功耗无线个域网）的采用使 MAC 层和 IPv6 网络可以良好的协同工作，开辟了潜在应用和服务范围。

（4）先进的智能通信机制。自适应频率映射提供了很高的频带利用率，通道估计则优化了接点间通信的调制模式，Mesh 网络路由协议的使用将会为相距较远的节点之间通信选择最佳通道。

（1）G3-PLC 的物理层主要完成信息帧分片存储、前向错误控制编码、OFDM 调制、OFDM 解调、前向错误控制解码、信噪比测量、信道估计、载体及相位检测等功能。G3-PLC 物理层的设计目标是保证数据能在非常恶劣的电力线窄带通道环境中正确有效传输，为了构建这样一个强健的物理层，G3-PLC 技术降低了理论上的数据传输速率，而通过加入级联纠错编码（卷积编码和 RS 编码方式）和交织编码等措施来增加其鲁棒性，并且在实际环境测试中获得了更加理想的效果。同时为了能与早期 S-FSK 技术共存，采用了"陷波处理"技术来避免与其产生冲突。

（2）MAC 层是所有物理层信号接入的关键，具有关联性和非关联性、确认帧传递、信道接入机制、帧证实、保证时隙管理、信标管理的特点。G3-PLC 标准的 MAC 层实际上包含一个符合 IEEE802.15.4 标准的 MAC 子层和一个可以支持 Mesh 网络路由功能及 IPv6 网络协议的 6LoWPAN 层。

建立在 MAC 层之上的是其网络层、传输层，其中包含有压缩的 IPv6 网络层和 IP 组件传输层，有利于广泛的因特网应用以及保证 G3-PLC 系统架构的高度灵活性。G3-PLC 技术能够支持集中式和分布式两种结构应用，在集中式结构中，集中器起到网关的功能，计量设置可以与服务器直接对话；而分布式结构中，集中器将作为中继器的功能，有一定的自主工作能力，但此种情况下传输层交互的信息仅限于计量设备和集中器之间对话。此外，也支持这两种结构的混合，集中结构可以应用在信息敏感的功能部分，分布式结构则完成其他功能部分。

在基于 IPv6 技术的网络层上，传输层使用的是 UDP 传输协议，它在无连接模式下能够提供数据包的不可靠传输，PLC 网络信息的可靠交互将交由下层来保障。为了对基于 OFDM 的 PLC 传输速度不造成影响，其 IPv6 和 UDP 的首部都经过压缩处理，例如，可以将 IPv6 与 UDP 的首部由 48 字节压缩至 5 字节。虽然目前该技术是依赖 UDP 的，但是也不能排除在以后的应用中使用 TCP 协议的可能。

3.2.9 宽带电力线载波通信

3.2.9.1 宽带电力线载波通信概述

随着宽带电力线通信技术的不断完善和工业联盟的大力推进，国际标准化组织在 2005 年制定了家庭网络技术国际标准，如 IEEE P1901 和 ITU-T G.hn。2000 年，思科、英特尔、摩托罗拉、惠普和通用电气等 13 家公司成立了 Home Plug 联盟（国际家庭插电联盟），主要标准制定者是高通、Arkadas、Gigle、Spidcom、Renesas、Yitran 等多家半导体公司。如今全球越来越多的主要公司开始支持 Home Plug 技术。

2001 年，Home Plug 联盟宣布第一代宽带高速电力线网络的技术规范，是全球第一个宽带电力线载波通信技术标准，即 Home Plug 1.0，其最高数据传输速率为 14Mbit/s。它的出现提供了一种真正不需要增加任何新线路就能简便组成家庭网络的解决方案。

2004 年，Home Plug 联盟发布 Home Plug1.0Turbo 标准，即 Home Plug1.0 的增强版，将最高数据速率提升至 85Mbit/s，使电力线组网的应用体验明显提升。

2005 年，Home Plug AV 标准发布，目前大部分主流的"电力猫"设备均符合该标准，它是宽带电力线载波通信音/视频家庭网络的技术规范，支持多个数据和视频流的分配，包括遍布整个家庭的高清晰度电视（HDTV）和标准清晰度电视（SDTV），支持家庭娱乐应用，包括 HDTV 和家庭影院，其最高数据速率达到 500Mbit/s。

2010 年，Home Plug 联盟推出 Home Plug Green PHY（简称 HPGP）规范，设计数据传输速率在 10Mbit/s 以下，适用于户外电力线通信的宽带载波通信技术，该标准使用 2～30MHz 的工作频段，非常适合用于低压集抄系统，该项技术迅速被国内各大通信厂商研究、试验并应用。

2011 年，美国高通公司推出符合 HPGP 标准的 QCA7000/QCA6411 通信芯片，开启宽带电力线载波通信技术在低压集抄系统的应用，山东、辽宁、北京、上海等多个省（市）电力公司均已应用该项通信技术，其较高的通信速率、可靠的抄表稳定性，获得电网企业的认可。

2013 年，Home Plug 联盟发布 Home Plug AV2 标准，即 Home Plug AV 的升级版传输速率已经提升至 1000Mbit/s，目前芯片厂商已推出基于该标准的解决方案，而"电力猫"类型的通信产品也已经问世。

2014 年，中国电子技术标准化研究院发布《宽带电力线通信标准白皮书》，旨在通过分析宽带电力线通信应用现状及其对标准的要求，全面系统地梳理宽带电力线通信标准现状，提出 TDS-OFDM（时域同步的正交频分复用）技术，采用 QC-LDPC 编码，为宽带电力线通信标准工作的推进提供参考。同年，华为海思半导体有限公司以 Hi3911 为核心，结合国内电力线基本环境，设计出 Hi3911T/Hi3911C 宽带电力线通信芯片。芯片工作频率为 2～12MHz，物理层速率最高达 14Mbit/s，应用层数据传输速率最高达 2Mbit/s。山东、河南等多个省电力公司已经批量部署使用该芯片技术的宽带电力线低压集抄系统，实现智能电能表的远程监控，并提供更多的业务应用服务。在该年底，青岛东软载波科技股份有限公司推出 SSC1660/SSC1661 宽带电力线载通信芯片，支持 ITU-TG.hn 网络通信协议，可在电力线、同轴电缆、电话线等介质下进行数据传输，物理层最高数据传输速率可达 500Mbit/s，可用于普通家庭用户户内、智能安防、智慧社区等场合。

随着国内宽带载波技术的快速发展和应用规模的逐步扩大，2015 年后，深圳市力合微电子股份有限公司、青岛鼎信通讯股份有限公司、珠海慧信微电子有限公司等多家公司相继推出宽带电力线载波解决方案。部分宽带电力线载波通信技术参数见表 3-5。

表 3-5　　　　　　　　　部分宽带电力线载波通信技术参数一览表

参数项目	QCA7000/QCA6411 美国高通公司	Hi3911T/Hi3911C 海思半导体有限公司	SSC1663 青岛东软载波科技股份有限公司	LME3460 深圳市力合微电子股份有限公司	青岛鼎信通讯股份有限公司	WTZ11 珠海慧信微电子有限公司
执行标准	Homeplug Green PHY 兼容 IEEE 1901	私有协议（目前暂时）	私有协议（暂时）	私有协议（暂时）	私有协议（暂时）	私有协议（暂时）
工作频率	2～30MHz	200kHz～12MHz	1.95～11.96MHz	2～12MHz	2～12MHz	2～12MHz
传输速率	4～10Mbit/s 支持鲁棒传输模式	物理层速率：100kbit/s～14Mbit/s 应用层速率：30kbit/s～2Mbit/s	100kbit/s～25Mbit/s，支持强噪声环境下的鲁棒通信模式	物理层最高速率达到 14Mbit/s	物理层 5Mbit/s 左右；应用层 1Mbit/s 左右	物理层最高速率可达 10Mbit/s
调制技术	OFDM（子载波 QPSK）	OFDM（子载波 BPSK、QPSK、8QAM、16QAM、64QAM）	OFDM（子载波 BPSK、QPSK、8PSK、16QAM……2048QAM/4096QAM）	支持 BPSK、QPSK 和 16-QAM 调制方式	OFDM（子载波 BSPK、QPSK、16QAM）	OFDM（最高 1155 个子载波 QPSK）
路由模式	自动组网、动态路由	子载波自适应调制，动态多路径寻址路由	自动组网、动态路由	自动组网、动态路由	自动组网、动态路由、实时路由恢复	自动组网、动态路由
中继级数	最多支持 16 级	最多支持 8 级	最多支持 16 级	最多支持 15 级	最多支持 15 级中继	最多支持 16 级中继
加密算法	128bit AES	AES、3DES、DES	128-bit AES CCM	AES-128/192/256 加密	无	128-bit AES

续表

纠错性能	支持 CSMA/CA	支持 TDMA 和 CAMA/CA	高速 LDPC 编码和解码器	Turbo 编码分集复制 ROBO 交织	Turbo 编码解码、支持 CSMA/CA、交织技术、分集拷贝	Turbo 编码、鲁棒复制、支持 CS-MA/CA

备注：以上通信技术参数随着技术的发展可能发生变化，各通信厂商产品也在不断更新换代，新增产品及技术参数内容不包含在本表内。

3.2.9.2 宽带电力线载波通信技术特点

宽带电力线载波通信技术除具备 OFDM 技术特点外，通信速率高是该技术的最突出优点，其物理层、数据链路层、应用层均具有诸多优点，在国内电力集抄系统中，逐步开始试点和推广应用。在国内电网企业的主导下，随着相关标准的制定，宽带电力线载波通信正朝着互联互通方向发展。

1. 物理层

物理层具有 OFDM 频谱利用率高、频率选择衰减拷贝技术、抗多径效应性能强等技术特点，详述如下。

（1）OFDM 频谱利用率高。相对于单载波、多载波通信模式，宽带电力线载波通信的物理层频谱利用率更高，物理层比较示意图如图 3-13 所示。

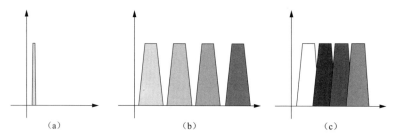

图 3-13 宽带电力线载波通信与单载波、多载波物理层比较示意图
（a）单载波通信模式；（b）多载波通信模式；（c）宽带电力载波通信模式

（2）频率选择衰减拷贝技术。宽带电力线载波通信采用拷贝技术，具有电力线载波子信道的频率分集的作用，增强电力线载波通信抗脉冲噪声、信道快衰落的通信性能。频率选择衰减拷贝技术原理示意图如图 3-14 所示。

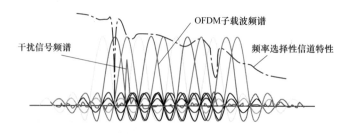

图 3-14 频率选择衰减拷贝技术原理示意图

（3）抗多径效应性能。电力线载波通信的多径传输可造成通信符号码元干扰和子载波之间的干扰，导致通信失败，宽带电力线载波通信采用保护间隔方式消除通信符号码元干扰，采用循环前缀方式对抗子载波之间的干扰，抗多径效应工作原理示意图如图 3-15 所示。

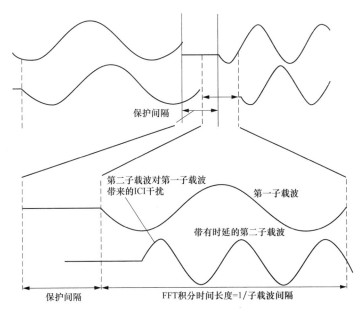

保护间隔

第二子载波对第一子载波
带来的ICI干扰

第一子载波

带有时延的第二子载波

保护间隔　　　　　FFT积分时间长度=1/子载波间隔

图 3-15　抗多径效应工作原理示意图

2. 数据链路层

数据链路层具有信道访问和宽带管理功能，以及自动组网、动态自适应多路径路由、多网络自动协调等技术特点。

（1）信道访问和宽带管理功能。宽带电力线载波通信采用 TDMA 时分技术，实现网络信令传递，保证网络维护的可靠性，采用 CSMA/CA 技术，保证带宽的高效利用，支持报文优先级，确保关键业务的响应及时率，还可根据网络拓扑特点（中继数、相位节点规模等）、业务动态（升级、抄表）动态调整带宽。

（2）自动组网。宽带电力线载波采用快速逐级收敛技术（如，在典型环境下，300 节点组网时间小于 5min）、路径评估和择优技术、动态时隙管理技术等，实现入网后即等效为抄表成功，可实时在线网络维护，快速识别模块离线故障（如，在典型环境下，更换模块或模块重上电，快速入网，平均小于 25s）。

（3）动态自适应多路径路由。宽带电力线载波通信技术采用分布式路由技术，解决集中式路由低效问题，确保路由实时性（如，在典型环境下，信道发生变化后，路由实时响应平均不大于 1min），可采用广播通信技术，解决缺省路由不通的极端场景问题，可以以最完备的路径确保通信成功率。

3. 应用层

应用层可实现相位识别、台区识别、并发抄表、实时事件主动上报、全网升级业务、表档案上报技术运维业务、全网加密、故障查询等复杂功能。

宽带电力线载波通信可实现模块故障实时在线查询功能，其功能界面如图 3-16 所示。

虽然宽带电力线载波通信具有诸多技术优势，但由于工作频率高，信号更容易被耦合并向空间辐射，也更容易被容性负载吸收；经过电容补偿装置、地埋电缆线等容性负载时，信号衰减严重，电力线路的通信距离较短，需借助较多中继器等技术措施解决通信距离的问题。随着对宽带电力线载波通信技术的不断研究和完善，宽带电力线载波通信以其良好的技

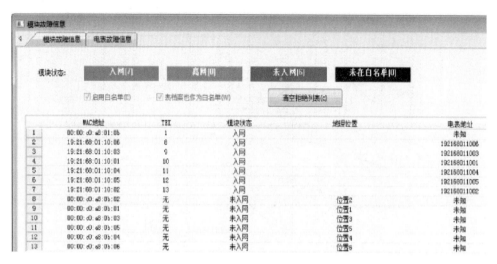

图 3-16　宽带电力线载波通信模块故障信息查询界面

术特性正引起电网企业和通信厂商各方的广泛关注，有望在低压集抄中得到大规模推广应用。

3.2.10　发展趋势

随着技术研究的深入和应用经验的积累，电力线载波通信技术发展迅速，调制技术从原有的 FSK、PSK 单载波调制模式发展到 OFDM 多子载波调制模式，工作频率也从原有单一工作频率的窄带（低速）通信发展到多个工作频率的窄带高速通信、宽带高速通信，路由模式也从原有的单一路由（或指定路由）发展到自动中继、自动路由模式。

一直以来，噪声、阻抗匹配、信号耦合是电力线载波通信技术面临的三大挑战，对时变频率选择性衰落及干扰不具备自适应能力，是电力线载波通信技术在通信可靠性上最大技术瓶颈。应运而生的多载波的调制技术（如 OFDM 调制方式），由于能够将数据信息调制到多个载波上，当某个频点深度衰落或被干扰时，其他频点可能仍处在较好的传输条件下，因而通过纠错后编码完整的数据信息仍然可以被正确接收，并可以提供更高的通信速率。以 OFDM 调制方式为代表的多载波调制的电力线载波通信技术（宽带载波、窄带高速载波）将在集抄下行通信中得到广泛应用。虽然当前电力线载波的通信速度暂时无法和光纤通信速度相比，但是宽带电力线载波通信速度要高于 RS 485 有线通信速度，宽带电力线载波通信技术有着广阔的应用前景，未来在四网融合中将占据重要位置。

3.3　微功率无线通信

微功率无线通信是无线通信的一个子类，其发送功率一般很低，通信距离也相应地受限在几十米到几百米的范围内。其使用频段一般在全球通用的 ISM 频段（industrial scientific medical band，工业、科学和医学频段）范围内，该频段在全球大部分国家都得到了官方的使用许可，一般来说，只需要通过相关部门和机构的认证，该频段可以在许可的发射功率范围之内自由使用，无须提出申请。中国工业和信息化部发布了《微功率（短距离）无线电设备的技术要求》（信部无〔2005〕423 号），规定在中国范围内无线电设备的技术规范，使用频率470～510MHz（民用无线电计量仪表使用频段），发射功率限值为50mW。

早期的微功率无线通信一般用于点对点通信，如对讲机、设备控制。受功率和发射距离的限制，其发展较慢，应用领域较少。近三十年，随着移动通信网络技术的发展，传感器网络和组网通信的概念被引用到微功率通信中来，利用节点同时具备信号发射和接收的特点，采用一次或者多次中继转发，可有效地补偿信号在空中的传播衰减，传输范围得到了很大的延拓，推进了微功率无线通信的发展和应用。目前，微功率设备及其组网通信方式在军事、科研、环境保护、医疗、工业、商业、智能家居等领域得到应用。

微功率无线通信技术有如下特点：

（1）组网灵活，较有线方式的通信技术可以更加自由灵活的组网。

（2）成本低，随着射频技术、集成电路技术的发展，无线通信模块的生产成本大大降低，远低于有线传输。

由于微功率无线通信具有无需布线、工程安装简单、组网灵活、容易维护等优点，能够克服电力线载波通信所遇到的电力线路杂波干扰，不受电网阻抗变化和电网结构变化的影响，因此，微功率无线通信技术具有了较强的竞争实力和较广阔的应用空间。

3.3.1　微功率无线通信技术原理

在低压集抄系统中，微功率无线通信技术已规模化应用第四代技术，即自动跳频、自组网的 Ad. hoc 和 MESH 网络数据传输方式，该技术无需人工干预，只要将子节点地址设置给管理节点，完全由管理节点选择干扰少的频点，并完成对子节点的建网、组网、抄表过程。

目前微功率无线通信方式主要采用自组网。集中器先选定一个空闲的工作频道，然后通过广播方式发出组网命令，智能电能表在各个频道发送请求加入网络的命令，集中器收到申请入网命令后组网成功。新加入的集中器首先需要选定一个空闲的工作频道发送组网命令，智能电能表旁听到组网命令后，会与当前的链路质量进行对比，选择较好的网络加入，从而组成新的网络。微功率无线的自组网流程示意图如图 3-17 所示。

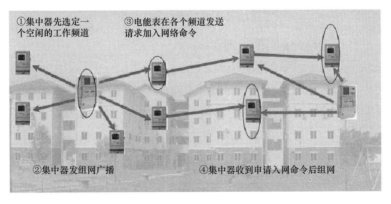

图 3-17　微功率无线自组网流程示意图

当前的微功率无线抄表技术都是基于私有的通信协议设计，各厂商之间的无线通信协议一般是不公开的、小范围内的协议，尚未形成统一的行业标准。不同厂商之间的产品无法实现互联互通，产品通信性能参差不齐，这在一定程度上限制了其在集中抄表领域的推广应用。同时，微功率技术在抄表应用中本身也存在灵敏度受限、覆盖范围小、通信距离短、受障碍物影响严重等几个方面的固有缺陷。随着国内电网企业和相关通信厂商联合制订微功率无线通信技术标准，微功率无线抄表技术正向着互联互通方向发展。

3.3.2 跳频扩频通信

微功率无线通信技术主要有跳频扩频技术和混合扩频通信技术等方式，其中跳频扩频技术（FHSS），是无线通信最常用的扩频方式之一。跳频技术（frequency hopping）是通过收发双方设备无线传输信号的载波频率按照预定算法或者规律进行离散变化的通信方式，也就是说，无线通信中使用的子载波频率受伪随机变化码的控制而随机跳变。从通信技术的实现方式来说，"跳频技术"是一种用码序列进行多频频移键控的通信方式，也是一种码控载频跳变的通信方式；从时域上来看，跳频信号是一个多频率的频移键控信号；从频域上来看，跳频信号的频谱是一个在很宽频带上以不等间隔随机跳变的。其中，跳频控制器为核心部件，包括跳频图案产生、同步、自适应控制等功能；频合器在跳频控制器的控制下合成所需频率；数据终端包含对数据进行差错控制。

与定频通信相比，跳频通信比较隐蔽也难以被截获，只要对方不清楚载频跳变的规律，就很难截获通信内容。同时，跳频通信也具有良好的抗干扰能力，即使有部分频点被干扰，仍能在其他未被干扰的频点上进行正常的通信。由于跳频通信系统是瞬时窄带系统，它易于与其他的窄带通信系统兼容，也就是说，跳频电台可以与常规的窄带电台互通，有利于设备的更新。因为这些优点，跳频技术被广泛适用于对通信安全或者通信干扰具有较高要求的无线领域，低端的应用产品包括无声电话、蓝牙设备、婴儿监视器、无线摄像枪、移动电话等，中高端应用产品有如手持军用电台、卫星电话等。

跳频无线通信技术特点：

（1）捕获较快。相对于直接序列扩频通信技术（DSSS）来说，跳频技术所使用的伪随机码速率较低，所以同步要求较低，因此短时间内可以完成信号的捕获。

（2）无远近效应（远近效应是指越靠近基站的节点由于信号很强，会覆盖和干扰远处节点的信号）。

（3）可以有效地解决多径（即同一信号经多个反射通路到达接收端）干扰。

（4）在频率选择性衰落有良好的表现。

（5）由于跳频信号的频谱密度较高，比较容易被发现。

（6）对于抗多频干扰（即针对调频频段的多频率覆盖）无能为力。

（7）由于受到硬件条件限制，频率发生器的运行速度也受到一定程度的限制。

（8）在系统中无法使用相干解调。

3.3.3 混合扩频通信

微功率无线所采用的扩频通信技术，其信号所占有的频带宽度远大于所传信息必需的最小带宽，具有较强的抗干扰能力和较好的保密性能。扩频通信，即扩展频谱通信技术（spread spectrum communication），其基本特点是传输信息所用信号的带宽远大于信息本身的带宽。

扩频通信分为以下几类：

（1）直接序列扩频技术（DSSS），就是采用高码速率的直接序列（direct sequence）伪随机码在发端进行扩频，在收端采用相同的伪码（PN）进行相关解扩。

（2）跳频扩频技术（FHSS），就是采用跳频方式进行扩频，形象地说是采用特定的伪码控制的多频率移频键控。

（3）跳时扩频技术（THSS），就是采用跳时（time hopping）方式进行扩频，形象地说是采用特定的伪码控制多时片的时移键控。

混合扩频通信技术是直接序列扩频、跳扩频频和跳时扩频的相应组合。混合扩频通信将多种基本扩频模式彼此结合起来，以提高系统综合性能的扩频方法，如跳频与直按序列扩频方式相比，抗近台干扰的能力较好。基于混合扩频通信技术的优点，伴随着物联网和大数据的兴起，混合扩频通信技术越来越受到各大芯片厂商、通信厂商重视，随着 4G 的大规模部署和 5G 的研发，在一定程度上推进网络层的落地，各厂商竞相投入大量资金研究混合扩频通信物联网通信技术，大力发展低功耗物联网通信技术。

3.3.4 微功率无线通信的应用

由某公司自主研发的 HexNet 微功率无线自组网技术，其核心是根据 IEEE 802.15.4k 标准，借鉴欧洲系列标准、ITU G.9901/G9902/G9903/G9904 及 IEEE1901.2 等系列标准以及现代通信技术的成果（尤其是扩频通信、通信纠错、路由算法等），完全自主研发的先进分层自组网 Mesh 技术。该技术由一系列智能通信模块（如单相智能电能表、三相智能电能表、水表、气表、热量表、通信终端、网关等适用的）、通信终端、软件系统组成。

HexNet 网络采用的是跳频扩频技术，比普通的 RF Mesh 更具有抗干扰能力。这种通信可以有效地避免干扰，已成为抗电子干扰的主要手段。系统的信道数、载波的带宽、跳频的速率和跳变的伪随机性是抗干扰的重要技术指标。信道数越多，带宽范围越大，跳变的速率越快，频率跳变的规律越接近随机变化，就越难以被干扰。

HexNet 的跳频扩频信道序列图如图 3-18 所示。

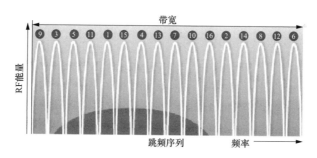

图 3-18　HexNet 的跳频扩频信道序列图

HexNet 网络跳变扩频通信系统与常规通信系统相比较，最大的差别在于发射机的载波发生器和接收机中的本地振荡器。在常规通信系统中这二者输出信号的频率是固定不变的，然而在 HexNet 网络跳频通信系统中这二者输出信号的频率是跳变的。在 HexNet 网络跳频通信系统中发射机的载波发生器和接收机中的本地振荡器主要由伪随机码发生器和频率合成器两部分组成。跳频通信系统发信机的发射频率，在一个预定的频率集内由伪随机码序列控制频率合成器（伪）随机的由一个跳到另一个。收信机中的频率合成器也按照相同的顺序跳变，产生一个和接收信号频率只差一个中频频率的参考本振信号，经混频后得到一个频率固定的中频信号，这一过程称为对跳频信号的解跳。解跳后的中频信号经放大后送到解调器解调，恢复出传输的信息。HexNet 的跳频扩频的调制解调方式如图 3-19 所示。

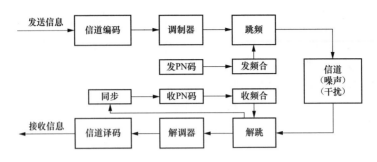

图 3-19　HexNet 的跳频扩频的调制解调方式

与其他同类微功率无线技术（如 Zigbee、Bluetooth、WiFi、普通的 RF Mesh 等）相比，HexNet 具有以下特点：

（1）微功率，通信发射峰值功率一般不超过 50mW（或 17dBm）。

（2）全网络全 Mesh 模式，动态自动组网，断点自愈合。

（3）无需通信基站，无施工和长期运维费用，无须施工指导。

（4）数据加密，保密性好。

（5）通信距离可控，距离可达到 3～5km（开阔地带）。

（6）无须申请专用频段，在 ISM 频段就能工作。

（7）通信节点数目不受限制，适合大、中、小城市和乡村组网应用。

（8）可使用手持掌机和车载终端移动抄读数据。

（9）适用于楼房户内外、地下室、开阔地等任何使用环境。

（10）耐气候能力强，不怕刮风下雨。

（11）日抄表成功率可达到 100％。

3.4　双 模 通 信

在低压集抄系统中，一般分别采用电力线载波通信或微功率无线通信。双模通信方案是利用这两种通信信道特性不同而形成一种互补机制的通信技术方案，从而使通信的时效性和可靠性得以最大程度的提升，其工作原理如图 3-20 所示。

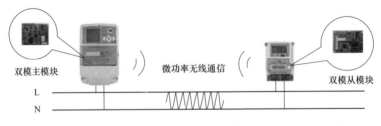

图 3-20　双模通信工作原理

双模通信充分利用双通道的互补特性，实现低压电力用户信息传输、交互、汇集的通信网络。电力线载波信道和微功率无线信道相互独立，同时收发，微功率无线通信技术和电力线载波通信技术优势互补，提高了通信成功率。通过"异构网"方式优化整合形成多种通信网络模型（全载波网络模型、全无线网络模型、载波和无线混合网络模型），发挥各自技术长处，消除通信盲点。双模通信互补应用对比如表3-6所示。

表3-6 双模通信互补应用对比

	电力线载波通信	微功率无线通信
传输介质	电力线	空间电磁波
工作频率	窄带：3～500kHz 宽带：2～30MHz	470～510MHz
影响通信的因素	电器设备工作时产生的干扰和负载变化	天线类型和位置
	供电线路自身线路条件	地理环境、气候

双模通信结合两种通信方式的优点，在其中一种通信方式受到干扰、通信失败时，自动切换另外一种通信方式，取长补短，可极大提高系统的抄表成功率。

采用双模通信方式的低压集抄系统中，集中器和智能电能表的通信单元需同时具有载波收发模块、无线收发模块以及控制协调两种通信方式的控制模块。其中，控制模块需要对数据进行编码解码分析，并负责数据的交互、通信协议的解析、信道切换、寻找最优路径等功能；载波收发模块主要处理载波信号；无线收发模块主要处理微功率无线信号，其调制的频带在470～510MHz，因为无线收发模块处理的电磁波调制解调后经过特高频电磁波收发，其通信效率比较高。具体的系统构架如图3-21所示。

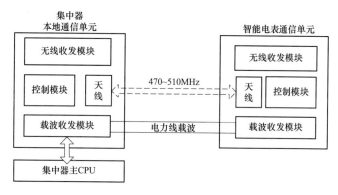

图 3-21 低压集抄系统双模通信系统构架

电力线载波通信方式经过多年的发展，具有系统相对简单、成本低、安装简单、维护方便、组网灵活及扩容容易等优势，但由于电力线路上负载动态变化范围大，信号衰减严重，噪声频谱成分复杂，从而导致目前电力线载波通信稳定性差，其中载波通信中的"孤岛"现象，就是比较突出的问题。从目前看来，载波还没有卓有成效的技术手段，可以避免线路上存在的这些问题。

微功率无线技术具有安装简单、维护难度低、组网灵活、扩容容易等优势，但由于存在信号受墙体等障碍物阻挡穿透力不强等弱点，在城市电网应用有一定局限性，比较适合于开阔的电网环境。

随着营销业务的发展，电力客户对低压集抄系统的采集成功率提出了越来越高的要求。虽然电力线载波通信技术和微功率无线通信技术日渐成熟，但由于单一通信方式均存在自身缺点，单一通信方式已无法满足要求。因此，为了尽可能提高采集成功率，提出了使用双模通信方式来满足低压集抄的需求，而且微功率无线和电力线载波（特别是窄带电力线载波）传输特性差异较大，信号盲区和信号干扰交叉小，可相互弥补各自通信的问题，可进一步降低台区信号盲区发生的概率，有效提高采集成功率。

双模通信主要有桥接双模网络通信、主从双模网络通信和全网络双模通信三种方案。

3.4.1 桥接双模网络通信

桥接双模网络通信仅在某两组或多组节点之间进行桥接通信。

以载波为主无线为桥来组建网络，无线作为"桥接"通道，降低了对使用环境的要求。整合了各自优势后，使得整个网络的灵活性，可靠性得到了提升，对存在载波"孤岛"的环境，只需选择2~3个点，把纯载波模块更换为双模模块，即可完成双模网络的组建。该方案的缺点是，需要人工干预，"桥接"节点也很难选择，实施起来比较困难。桥接双模网络通信的工作原理示意图如图3-22所示。实线为载波的路由路径，虚线为无线的路由路径，两个相同的网络直接采用无线通信网络进行桥接方式通信。

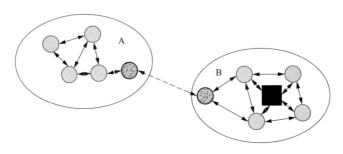

图 3-22   桥接双模网络通信的工作原理示意图

■——终端节点；○——载波节点；⊙——双模节点；◄——►——载波通信；◄----►——无线通信

3.4.2 主从双模网络通信

主从双模网络通信采用以其中一种通信方式为主，另一种通信方式为辅助。

载波和无线是两套各自独立的网络，两套独立的路由，当一种通信方式不理想的时候，整体切换到另外一种通信方式。该方式未充分利用两种通信方式的互补，但是实现起来相对容易。

主从双模网络通信的工作原理示意图如图3-23所示。实线为载波的路由路径，虚线为无线的路由路径，终端节点分别管理这两套路径，当某一种通信方式的路径无法访问到双模节点时，就采用另外一种通信方式建立的路径来与该双模节点通信。

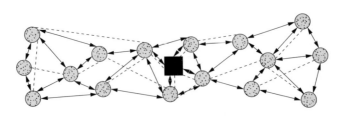

图 3-23   主从双模网络通信的工作原理示意图

■——终端节点；⊙——双模节点；◄——►——载波通信；◄----►——无线通信

3.4.3　全网络双模通信

全网络双模通信中所有通信节点（集中器、采集器、智能电能表的通信模块）均同时具备无线和载波通信功能。组网过程中，集中器模块收集网络从节点之间的无线场强信息以及载波场强信息，通过内部路由算法，为每个节点计算分配（最优）网络通信路由，该路由可以是无线路由，也可以是无线载波混合式路由。在历史路由失效后，可以重新计算新路由以确保网络通信可靠。

所有节点均为双模节点，载波和无线混合组网、互为中继，这样就结合了载波和无线各自的优势，最大程度提升采集成功率和稳定性。全网络双模通信的工作原理示意图如图 3-24 所示。

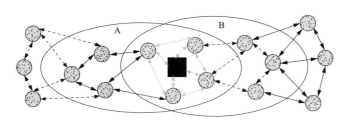

图 3-24　全网络双模通信的工作原理示意图

■—终端节点；◉—双模节点；◄—►—载波通信；◄---►—无线通信；◄---►—载波或无线通信

3.4.4　双模通信的应用

桥接双模可以用于现有网络的改造，设计成本较低，也可以达到提高通信成功率的效果，是一种比较经济的通信方式，但由于需要人工干预，现场实施比较困难。

主从双模在一定速度上能够提高通信成功率，实现起来也相对简单，但没有充分发挥载波和无线的优势，如果算法实现不好，效果甚至不如单一通信方式。

全网络双模能够根据网络节点间的信道质量，智能切换通信方式，并且根据整个网络情况，主节点智能调节路径，使网络的带宽、可靠性达到最佳，真正发挥出双模网络的优势，是双模通信的技术发展方向。

3.5　RS 485　通　信

RS 485 总线是在工业中应用十分成熟的通信技术，在多站互联上应用广泛。根据 RS 485 标准，其最大的通信距离约为 1200m，最高传输速率为 10Mbit/s。采用 RS 485 总线方式的集抄系统的拓扑结构为总线型，网络中的主设备是集中器，负责将用户的用电信息进行汇总，从设备是带有 RS 485 接口的智能电能表。主设备通过发送指令和数据来发起通信，从设备监听总线信号，并响应集中器发起的请求。RS 485 收发器采用平衡发送和差分接收，因此具有抑制共模干扰的能力，加上接收器有高的灵敏度，能检测低达 200mV 的电压，故传输信号能在千米以外得到恢复。使用 RS 485 总线，一对双绞线就能实现多站联网，构成分布式系统。

该方式优点在于数据传输可靠性高、传输距离较远、速率高、抗干扰能力强，这些优点使其得到了广泛的应用。

最初 RS 485 应用只局限于集中器与采集器之间，当具备 RS 485 通信接口的智能电能表被行业认可后，RS 485 被应用到整个网络，这应该是 RS 485 通信技术迄今为止应用规模最大且最成功的典型。

RS 485 通信具有如下技术特点：

（1）RS 485 的电气特性，采用差分信号负逻辑，逻辑"1"以两线间的电压差为＋(2～6)V 表示；逻辑"0"以两线间的电压差为－(2～6)V 表示。接口信号电平比 RS-232-C 低，不容易损坏接口电路的芯片，且该电平与 TTL 电平兼容，可方便与 TTL 电路连接。

（2）RS 485 接口是采用平衡驱动器和差分接收器的组合，抗共模干扰能力增强，抗噪声干扰性好。

（3）RS 485 最大的通信距离约为 1200m，最大传输速率为 10Mbit/s，传输速率与传输距离成反比，在 100kbit/s 的传输速率下，才可以达到最大的通信距离，如果需传输更长的距离，需要加 RS 485 中继器。RS 485 总线一般最大支持 32 个节点，如果使用特制的 RS 485 芯片，可以达到 128 个或者 256 个节点，最大的可以支持到 400 个节点。

但是，RS 485 技术应用也存在一定的局限：

（1）网络内任一节点出问题就可能导致整个网络瘫痪，而且排除查找困难。

（2）布线施工量大，特别是老城区的低压集抄改造。

（3）易遭雷击和人为攻击。

3.6 塑料光纤通信

塑料光纤通信（polymer optic fiber，POF）是由高透明聚合物如聚苯乙烯（polystyrene，PS）、聚甲基丙烯酸甲酯（polymethyl methacrylate，PMMA）或聚碳酸酯（polycarbonate，PC）作为芯层材料，聚甲基丙烯酸甲酯、氟塑料等作为皮层材料的一类光纤（光导纤维）。塑料光纤不但可用于接入网的最后 100～1000m，也可以用于各种汽车、飞机等运载工具上，是一种优异的短距离数据传输介质。

3.6.1 技术特点

塑料光纤具有如下特点：

（1）抗电磁干扰能力强。

（2）芯径大，安装和制作连接器简便。

（3）收发器温度特性稳定。

（4）弯曲半径小，适合大面积多点系统。

（5）功耗小，节能环保。

由于塑料光纤的信号衰减较大，仅适合短距离通信。

塑料光纤与石英/玻璃光纤相比，具有以下优点：

（1）安装快速，能够很容易地通过狭小的穿线管。

（2）连接容易，不用抛光也能达到很好的连接效果，也不用为了连接而采用专用的设备。

（3）由于材料成本低，再加上施工成本也相对较低，所以采用塑料光纤做传输介质的网络接入系统，其造价要比石英/玻璃光纤接入系统低。

（4）坚固耐用，光缆比石英光缆更加柔韧耐用，弯曲半径也小。

（5）连通测试简单、安全，采用无害的可见光，因此可用肉眼对光。

塑料光纤与铜缆（如 RS 485、M-Bus 等通信方式）相比，具有以下优点：

（1）无电磁干扰。

（2）电隔离，光网络装置是电隔离的。

（3）节省空间，塑料光纤光缆的直径要比铜缆双绞线至少小 50%，因此布线所占的空间要小。

（4）重量轻，塑料光纤要比铜缆双绞线至少轻 4 倍，因此可以节省装运成本。

（5）连接快速，可以很容易地剪断和连接。

（6）可靠耐用，能够经受更大的震动。

（7）安装容易，因为无须考虑串扰和噪声的抑制，因此很容易安装。

（8）连通测试简单、安全，采用无害的可见光，因此可用肉眼对光。

（9）具有保密性和安全性，塑料光纤的光缆难以被窃听。

（10）零辐射，塑料光纤没有电磁辐射产生。

（11）服务扩展性好，特别适合于视频、数据和语音的三合一服务。

3.6.2　经济效益估算

相比于电力线载波，塑料光纤也具有诸多优势，尤其是在工程建设和运维的综合经济效益上。塑料光纤通信低压集抄系统对比电力线载波集抄系统的经济效益估算如表 3-7 所示。

表 3-7　　　　　　　　　塑料光纤通信低压集抄系统经济效益估算

费用类别	电力线载波（全载波方式）		塑料光纤
设备购置费用	1 台集中器（载波） 180 台智能电能表（载波）		12 台集中器（光纤） 180 台智能电能表（光纤）
	全载波采集设备成本：约 60 元/表		光纤采集设备成本：约 112 元/表
工程安装费用	无须线路改造 0 元/表		需布置光纤 约 1 元/表（光纤成本）
工程调试费用	现场调试、档案排查等费用：约 5 元/表	复杂台区还需要加装集中器（载波）：大于 40 元/表	接近 0 元/表（通信光源可见，可实时指示故障，安装时即可调试）
运维费用	按照运行 10 年，每年运维（集中器、智能电能表）：约 7 元/表/年，合计约 70 元/表		按照运行 10 年，每年运维（集中器、智能电能表）：约 2 元/表/年，合计约 20 元/表
综合	约 135 元/表	大于 170 元/表	约 133 元/表

备注：以上成本按 2016 年的市场价估算，随着技术的发展和市场变化，成本会发生变化，另外不同公司的成本估算还存在差异。

对于智能电能表集中安装台区，塑料光纤通信方案应用的集中器数量要多于电力线载波通信方案的集中器数量，塑料光纤通信方案设备购置费用一项略高于电力线载波通信方案，但是从工程实施安装、调试以及运行维护费用综合比较，发挥塑料光纤一次投资、持续受益的优势，塑料光纤通信方案要优于电力线载波通信方案，能够提高低压集抄系统建设的综合经济效益。相比于低压电力载波通信，塑料光纤通信技术适用于信息采集点密集、功能要求高、电磁环境复杂的场合，而低压电力线载波通信技术适合于通信实时性要求不高、电力负荷轻、信息采集点零散且功能要求简单、施工布线量大的区域。采用塑料光纤通信技术，通信可靠性可达100％，可以使电网企业远程实时监测每一个用户的用电情况和交费记录，可以对欠费用户实时远程断电，对补交费用户实时远程通电操作。

相比于RS 485通信，塑料光纤通信是利用新型环保新材料进行可见光通信的成熟技术，可显著提高采集终端设备之间的通信速率，在绝大部分RS 485通信应用场合，采用塑料光纤通信综合成本更低、布线更快捷、维护更简便。

3.6.3 发展趋势

目前塑料光纤技术向低损耗、高带宽、高耐热、低成本的方向发展，应用于抗振动、抗电磁干扰、高电压强电环境的短距离信息传输场合，是石英光纤应用的重要补充，是金属导线通信技术的替代方案之一。随着智能电网建设的发展，以及电网企业对网络售电、分时电价、阶梯电价及电价下传等对实时性的要求，高速、可靠、低成本的塑料光纤技术将会满足电力终端设备最后几百米的信息互动及服务需要，并将成为可靠的信息传输方向之一。

3.7 互 联 互 通

3.7.1 通信基础

在低压集抄的应用中，终端设备通信一般按照功能整合为物理层、数据链路层、网络层、应用层四层模型；相对于计算机系统的OSI七层模型，终端设备通信没有传输层、会话层和表示层这三层模型。低压集抄终端设备通信各层网络数据帧结构如图3-25所示。

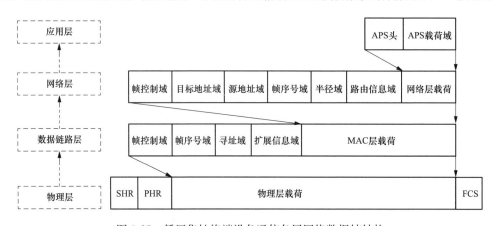

图3-25　低压集抄终端设备通信各层网络数据帧结构

3.7.2 终端设备通信的互联互通

在低压集抄系统的四层网络帧结构中，只有当物理层、数据链路层、网络层、应用层的每层都遵从同样标准，并保证外形尺寸的一致，才能实现终端设备之间的互联互通。

1. 有线通信终端设备的互联互通

低压集抄系统终端设备的有线通信（RS 485、光纤、以太网等），其物理层、数据链路层、网络层一般符合相应国家或行业标准，只要在终端设备技术规范中制定应用层标准，即可达通信的互联互通，实现终端设备之间的互换。常用有线通信技术的各层网络帧结构如

表 3-8 所示。

表 3-8　　　　　　　　　　　　常用有线通信技术的各层网络帧结构

通信方式	物理层	数据链路层	网络层	应用层（可选）
RS 485	TIA/EIA-485-A			DL/T 645 类 Q/GDW 354 类
光纤	YD/T 1475《接入网技术要求——基于以太网方式的 无源光网络（EPON）》			DL/T 645 类 Q/GDW 376.1 类
以太网	YD/T 1099《以太网交换机技术要求》			DL/T 645 类 Q/GDW 376.1 类 自定义类

2. 无线通信终端设备的互联互通

常用无线通信技术的各层网络帧结构如表 3-9 所示。

表 3-9　　　　　　　　　　　　常用无线通信技术的各层网络帧结构

通信方式	物理层	数据链路层	网络层	应用层（可选）
无线公网	YD/T 1214 900/1800MHz TDMA 数字蜂窝移动通信网通用分组无线业务（GPRS）设备技术要求：移动台			DL/T 645 类 Q/GDW 376.1 类
230MHz 无线专网	物理层采用国家无线电管理委员会分配的频段和地方无线电管理委员会批准的频率点		国家电网自定义	DL/T 645 类 Q/GDW 376.1 类
微功率无线	Q/GDW 11016 电力用户用电信息采集系统通信协议第 4 部分：微功率无线通信数据传输协议（工作频率：470～510MHz）			

低压集抄系统终端设备的无线通信，其中作为上行通信的无线公网通信方式，其各层网络帧结构均符合国家或行业标准，可以实现通信的互联互通和设备互换。

230MHz 无线专网的物理层采用国家无线电管理委员会分配的频段和地方无线电管理委员会批准的频率点，对数据链路层和网络层国家电网公司进行了自定义，应用层制订了行业标准或企业规范，可实现一定范围的通信的互联互通，但要实现完全的互联互通还需对相关标准进一步完善。

国内电网企业在 2013～2014 年，制定、研讨微功率无线技术标准，从而制定出一套国内企业范围内的微功率无线技术规范 Q/GDW 11016《电力用户用电信息采集系统通信协议　第 4 部分：微功率无线通信数据传输协议》；还开展了用电信息采集微功率无线通信单元互联互通试验检测，以便对微功率无线通信的互联互通和设备互换性进行质量控制。目前微功率无线通信能够实现互联互通，实现采集终端、智能电能表和通信模块等同类设备之间的互换。

3. 电力线载波通信终端设备的互联互通

典型的电力线载波通信技术的各层网络帧结构如表 3-10 所示。

表 3-10 典型的电力线载波通信技术的各层网络帧结构

通信方式	物理层	数据链路层	网络层	应用层（可选）
中压	3～500kHz	通信厂商自定义		DL/T 645 类 Q/GDW 376.2 类
低压窄带	3～500kHz	通信厂商自定义		DL/T 645 类 Q/GDW 376.2 类
低压宽带	基本频带：1～30MHz 扩展频带：30～50MHz	通信厂商自定义		DL/T 645 类 Q/GDW 376.2 类

电力线属于电网企业的输电线路，利用电力线作为通信媒介的电力线载波通信技术出现于 20 世纪 20 年代初期，80 年代后期得到普遍应用，发展至今成为电力系统应用最为广泛的通信手段。我国电力线载波频率使用范围为 40～500kHz，电力线载波通信厂商有数十家之多，从物理层的载波中心频率（如青岛东软为 270.47kHz、青岛鼎信为 421kHz）、频谱利用率、增益控制、滤波器性能范围，一直到网络层的网络特性、网络路径等，均存在较大差异，无法实现通信互联互通。但部分地区已经着手开展电力线载波通信兼容性测试和应用，如某省选取 421kHz 为本地区的低压电力线载波通信中心频率，所有智能电能表、采集终端均采用该通信模式，并经过严格的电力线载波通信兼容性测试，从而使得本地区电力线载波通信可以互联互通。

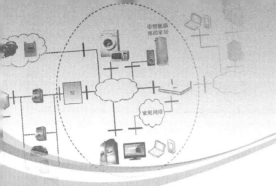

第4章

上行通信技术及应用

低压集抄系统中把采集终端到系统主站的通信称为上行通信,目前上行通信主要采用无线公网、无线专网、有线网络等多种通信方式,从最早期通信速率仅 64kbit/s 的通用分组无线服务技术(general packet radio service,GPRS),发展到目前 100Mbit/s 的 4G 无线公网、10Gbit/s 的光纤通信等通信技术。

本章阐述无线公网、LTE230/1800 无线专网、以太网通信、光纤通信、CATV 通信等现行主要的上行通信技术。

4.1 无 线 公 网

进入 21 世纪,世界电信行业发生了巨大的变化,无线公网特别是移动蜂窝通信技术的迅猛发展,使用户彻底摆脱终端设备的束缚,实现良好的个人移动性和数据传输的可靠性,移动通信逐渐演变成社会发展和进步必不可少的工具。

因移动通信使用简单、快捷方便,低压集抄系统中的采集终端上行通信普遍使用无线公网通信技术,实现电能量数据传输。采集终端主要采用中国移动、中国联通、中国电信三家运营商的 GPRS/CDMA、3G、4G 无线公网,完成电力用户用电信息远程传输和控制,目前超过 90% 的电能量数据都是采用无线公网通信的方式上传到系统主站。

4.1.1 技术现状

移动通信技术发展迅速,从第一代到第四代移动通信技术,逐步呈现出生命周期缩短的趋势。移动通信技术发展现状如表 4-1 所示。

表 4-1　　　　　　　　　　　　　移动通信技术发展现状

名称	时间	技术特点	应用
第一代	20 世纪 80 年代被提出	语音服务,基于频分多址方式的调制技术,提供 2.4kbit/s 的传输速率	公用移动电话系统
第二代	20 世纪 90 年代普遍应用	语音服务,基于时分多址(TDMA)和码分多址(CDMA)两种调制技术,提供 9.6kbit/s 和 28.8kbit/s 的传输速率,俗称全球移动通信系统(global system for mobile communication,GSM)	新增数字传输业务,相比第一代,提高安全性和频谱利用率,可提供数字化语音业务和低速数据化业务
第 2.5 代 第 2.75 代	GPRS 俗称 2.5G EDGE 俗称 2.75G	第二代扩展和增强版,增加通用无线分组业务(GPRS 和 EDGE)数据通信模式,可提供 115~384kbit/s 的传输速率	增强的低速数据传输业务

名称	时间	技术特点	应用
第三代	2000年开始普遍应用	也称为IMT-2000，俗称3G，采用宽带CDMA调制技术。有WCDMA、TD-SCD-MA、CDMA2000等多种模式，可实现10.8Mbit/s的高速传输速率	新增高速数据、慢速图像与电视图像业务
第四代	2005年开始普遍应用	俗称4G，采用OFDM调制技术，采用TD-LTE和FDD-LTE多种方式，可提供高达100Mbit/s的传输速率	新增传输高质量视频图像以及图像传输质量与高清晰度电视
第五代	技术研究中	俗称5G，注重用户体验、交互式游戏、3D、虚拟实现、传输延时、网络的平均吞吐速度和效率	新增物联网应用

经过近几年来的研究和改进，第四代宽带无线公网通信技术4G已经是各通信运营商使用的主流技术。系统支持多终端形态、实时图像、数据采集、负荷控制等业务。作为一种开放可扩充的演进型无线系统，预计下一个版本将会支持现场应急指挥、移动终端、群组语音、集群调度指挥、实时语音与视频等功能，支持移动办公、智能业务平台，支持多业务融合、可深度定制电力业务，可自组网自优化、Mesh与多路由工作模式。

4.1.2 无线公网的应用

无线公网移动通信技术作为最大众化通信方式，始终能保持通信系统长期的网络稳定性，并且不断地发展更新，网络带宽、信号质量等不断得到改善。无线公网移动通信使用的是运营商的无线网络，电网企业无须建设基站，在购买了运营商的SIM卡并开通数据传输业务后，只需将符合电力型式规范的通信模块直接更换到采集终端或智能电能表中即可正常工作。无线公网尽管目前仍存在诸多不适合低压集抄系统的方面（如可靠性、安全性等），但仍是低压集抄系统远程通信的主要通信信道。

在低压集抄系统中，移动通信模块安装在集中器的上行通信模块位置或智能电能表内，实现从集中器或智能电能表与系统主站的数据通信。常用无线公网通信技术参数比较如表4-2所示。

表4-2　　　　　　　常见无线公网通信技术参数比较

内容	GPRS	CDMA	3G	4G
通信速率	20kbit/s	53.6kbit/s	2Mbit/s以上	75Mbit/s
在线情况	永久在线	可支持远端唤醒	永久在线	永久在线
使用频段	900MHz	800MHz	1800/1900/2100MHz	1800/2400MHz
网络分布	分布广泛，覆盖所有地市	分布相对较少，覆盖大部分地市	分布广泛，覆盖大部分地市	分布广泛，覆盖大部分地市
信道使用	与语音使用相同信道，易受干扰	专用载频和信道，不易受干扰	与语音相同信道，易受干扰	专用载频和信道，不易受干扰
发展情况	技术成熟稳定，无后续更新	技术成熟稳定，无后续更新	技术成熟，可向新技术平滑演进	技术成熟，可向新技术平滑演进

在低压集抄系统中，选择无线公网作为上行通信技术，但需要注意无线公网的几点不足之处：

（1）公网通信采用的通信信道和网络资源全部是公共网络的信道和资源，容易导致数据的丢失和泄露，影响系统安全。

（2）公网通信首先满足公共用户的语音业务使用，在节假日期间或潮汐现象时，无法保证通信的畅通，影响系统的时效性。

（3）公网的建设和运维全部由三大运营商提供，出于商业成本考虑，部分地区可能通信信号较差甚至存在信号盲区、边远地区无信号等问题。

（4）运营商是依靠数据流量计算收取公网通信的租赁费用，超定额流量时，超出部分费用较高。

（5）为保障数据的安全性，集抄系统必须组建独立的私有虚拟专网（virtual private network，VPN），从 IP 层予以隔离，隧道外的公网 IP 无法访问隧道内的 IP，隧道内的 IP 不能访问隧道外的 IP，隧道内的 IP 互访也仅限于授权的频谱资源。通信运营商也需采用相关技术保障公网的通信安全。

4.1.3　发展趋势

随着移动通信技术的发展，无线公网通信从 2.5G（GPRS）到 2.75G（EDGE），再到 3G（WCDMA/TD-SCDMA），以及新的 4G（TDD/FDD）通信技术，通信新技术不断替代原有技术，提供了更高通信速率、更优的频谱利用率。第四代移动通信技术 4G 的数据传输速率和频谱的带宽远高于 3G，3G 通信技术最大通信速率（上行/下行）是 5.76Mbit/s/84Mbit/s，而 4G 通信技术能够在 20MHz 频谱带宽下提供上行通信速率高达 86Mbit/s、下行通信速率高达 326Mbit/s，支持宽带数据。4G 通信技术的兼容性更好，可以在任意终端或任意网络之间实现互联互通。由于 4G 通信技术具有 3G 及其他更早移动通信技术不具有的诸多优势，4G 通信技术将在电力用户大规模集抄系统中得到广泛应用。第五代移动通信技术，现在尚处于技术研究阶段，目前其最高理论传输速度可达数 10Gbit/s，比第四代移动通信技术的传输速度快数百倍，将为用户提供更高的传输速率、更可靠的通信稳定性，为超高清视频、智能家居、物联网提供技术支撑，逐渐向智能穿戴设备、工业机器人、无人驾驶汽车、无人驾驶飞机等应用方向继续发展。

欧盟 2013 年宣布投资 5000 万欧元，旨在推动第五代移动通信技术的发展和应用，计划到 2020 年实现商业化部署。韩国三星电子有限公司 2013 年宣布已成功开发第五代移动通信的核心模组，预计于 2020 年开始推向商业化运营，2016 年，我国启动第五代移动通信技术研发测试，预计 2018 年完成技术研究并开始小规模试点测试，2020 年实现商业部署。

4.2　LTE230/1800 无线专网

1. 230MHz 无线专网的应用情况

230MHz 是经国家无线电管理局批复的、用于电力负荷监控系统的无线频率资源，其中，分配给电力负荷监控系统使用的有十五对双工频点和十个单工频点，这些频点任何其他系统都不允许使用。LTE230/1800 无线专网（以下简称 230MHz 无线专网）可为低压集抄系统提供可靠性、实时性的技术保障，是十分宝贵的频率资源，230MHz 无线专网工作频点如表 4-3 所示。

表 4-3   230MHz 无线专网工作频点

编号	主站发射（终端接收）频点（MHz）	主站接收（终端发射）频点（MHz）	编号	主站发射（终端接收）频点（MHz）	主站接收（终端发射）频点（MHz）
1	230.525	223.525	14	231.575	224.575
2	230.675	223.675	15	231.650	224.650
3	230.725	223.725	16	228.075	228.075
4	230.850	223.850	17	228.125	228.125
5	230.950	223.950	18	228.175	228.175
6	231.025	224.025	19	228.250	228.250
7	231.125	224.125	20	228.325	228.325
8	231.175	224.175	21	228.400	228.400
9	231.225	224.225	22	228.475	228.475
10	231.325	224.325	23	228.550	228.550
11	231.425	224.425	24	228.675	228.675
12	231.475	224.475	25	228.750	228.750
13	231.525	224.525			

2011 年，国内电网企业自主成功研发 TD-LTE 230M 电力无线宽带通信系统，开启 230MHz 无线专网在全国电力行业的应用。

在低压集抄领域，国内电网企业近些年在河北、湖北、内蒙古、广东等多个地区的低压集抄系统应用 230MHz 无线专网通信技术。在配用电领域，北京、重庆、江苏、浙江、青海、宁夏等多个省（市）电力公司已批准应用 230MHz 无线专网；深圳 230MHz 网络已建设完成，广州已确定建设多个 230MHz 无线专网基站；珠海、广西、贵州等地也在进行 230MHz 无线专网规划，以实现配电自动化及用电数据采集。

2. 230MHz 无线专网系统的特点

（1）230MHz 频率的无线电波具有较好的穿透性和绕射能力，基站覆盖半径大，覆盖盲区少，通信质量高。

（2）智能路由，可以很好地保证数据的完整性。

（3）智能中继路由，可以较好地解决阻挡等通信盲点问题。

（4）专网具有通信可靠、实时性高的特点。

（5）高速数传电台结合微蜂窝组网，较好地解决了系统容量的问题，解决了传统组网模式下下行容量瓶颈。在当前用电信息采集技术和应用要求条件下，单频点的设备容量超过 5000 台。

（6）传统组网方式的技术条件在采集系统标准中有明确要求，目前智能组网应用按照各省电网企业的技术规范执行，不同厂家设备无法互联互通。

（7）通信模式仅为半双工通信方式，不能进行全双工通信。

（8）相比公网移动通信，230MHz 无线专网通信技术是电网企业的专网系统，设备、施工和维护费用较高。

由于 230MHz 无线网络与目前主流的 900/1800MHz 无线公网不兼容，且属于电力专网，前期基站建设投入大、电网地域分布不广泛、测量监控点较少，大规模应用存在一定的难度，各通信厂商正在研究 LTE 无线通信专网通信技术，依托于已有铁塔基站，扩展升级，实现工作频率为 1400～2400MHz 多种模式的无线专网。

在低压集抄系统应用中，在一些没有 1800MHz/2400MHz 频段的地区，可开发宽带数字集群通信产品 LTE1800，满足该频段用户无线宽带集群需求，建设 LTE1800 无线专网。LTE230 与 LTE1800 技术参数比较如表 4-4 所示。

表 4-4   LTE230 与 LTE1800 技术参数比较

项目	LTE230	LTE1800
工作频谱	223～235MHz（电力专有频谱）	1785～1805MHz（公用频谱）
覆盖能力	密集城区 3km，郊区 15km	密集城区 1km，郊区 4km
电力业务适用性	上行峰值速率高、在线用户多、终端符合国家电网企业标准	系统带宽高、在线用户数量较少、尚无标准
产业链	与 LTE 共产业链，并启动了行业相关标准的制定	与 LTE 共产业链，正在启动行业相关标准的制定
峰值传输速率	8.5MHz 频谱带宽 上行速率 14.96Mbit/s，下行速率 5.8Mbit/s	5MHz 频谱带宽 上行速率 8.5Mbit/s，下行速率 12.5Mbit/s；或上行速率 7.1Mbit/s，下行速率 20Mbit/s
主要应用	数据采集、视频传输、无线接入	无线接入、集群调度、语音组呼与视频传输
投资成本	综合成本相对较低，所需站点相对较少，可充分利用电力已有基础设施	综合成本高，所需站点多，需要新建大量机房、铁塔等基础设施
扩容适应性	高（可适用长期需求增长）	中（扩容需大量增设基站）

4.3 以太网通信技术

以太网是由 Xerox（施乐）公司在 1980 年创建，并由 Xerox、Intel 和 DEC 公司联合开发的基带局域网规范，是当今现有局域网采用的最通用的通信协议标准。以太网使用 CSMA/CD 技术（带冲突检测的载波监听多路访问，即载波监听多点接入/碰撞检测），并以 10Mbit/s 的速率运行在多种类型的电缆上，符合 IEEE 802.3 国际标准（IEEE 802.3 规定了包括物理层的连线、电信号和介质访问控制层协议的内容）。以太网通信是当前应用最普遍的局域网通信技术，它很大程度上取代了其他局域网标准。

在低压集抄系统中的以太网技术，一般指采用双绞线通信介质的以太网通信技术，以太网通信单元与集中器集成在一起，以太网 RJ45 接口一般放置在上行通信模块上（如图 2-8 中左侧通信模块上的 RJ45），实现从集中器直接与系统主站的上行通信。以太网已在低压集抄系统中实现规模化应用。

早期的以太网通信技术，同一时刻内，只能有一台主机在发送，但可以有多台主机同时接收（如广播通信），如果一个以太网报文被完全发送出去，则在链路上不会发生冲突，即理论上不再需要发送第二次。后期为了承载更多的应用，逐步新增集线器（HUB）、令牌环等设备或新通信模式。

4.4 光纤通信技术

光纤通信技术运用 PON（passive optical network，无源光纤网络）技术，可与多种技术相结合，比如 ATM（异步传输模式）、SDH（同步数字体系）和以太网等，分别产生 APON、GPON、EPON（以太网无源光网络）。相比之下，EPON 继承了以太网的优势且成本相对较低，在和光纤技术相结合后，EPON 不在只局限于局域网，还扩展到城域网，甚至广域网。现在居民用户建筑中光纤到户，就是采用 EPON 技术。GPON 支持电路交换业务，又能充分利用现有的 SDH 技术，但是技术较复杂，成本偏高。

住房与城乡建设部、工业和信息化部在 2013 年联合发出通知，要求贯彻落实 GB 50846《住宅区和住宅建筑内光纤到户通信设施工程设计规范》和 GB 50847《住宅区和住宅建筑内光纤到户通信设施工程施工及验收规范》。根据通知，自 2013 年 4 月 1 日起，在公用电信网已实现光纤传输的县级及以上城区，新建住宅区和住宅建筑的通信设施应采用光纤到户方式建设，同时鼓励和支持有条件的乡镇、农村地区新建住宅区与住宅建筑实现光纤到户。

电力通信的骨干网基本已实现光纤覆盖，骨干网一般采用 SDH 组网技术。接入网通信依托已有骨干网采用 EPON 技术进行采集。

在低压集抄系统中，一般采用 EPON 通信技术，EPON 是一种新型的光纤接入网技术，它采用点到多点结构、无源光纤传输，在以太网之上提供多种业务，可靠性优于有源光网络。

在采集终端的集中器上行通信模块位置安装光纤通信模块，实现集中器与系统主站的直接数据通信。现阶段，采用 EPON 技术作为接入网进行电力集抄已在较大范围内应用。EPON 技术在采集系统中的具体应用如图 4-1 所示。

低压集抄系统采用 EPON 光纤通信技术是依托于住宅区和住宅建筑内已有的基础设施，这些地方已安装光网络单元（ONU）、光线路终端（OLT）等设备，电力 EPON 光纤通信的应用受限于建筑住宅 EPON 网络的覆盖范围。

4.4.1 技术特点

（1）传输频带极宽。通信容量大，具有很强的多业务接入能力，采用 EPON 网络接入后，不仅可以实现费控、需求侧管理等营销业务，还可作为电网企业其他部门业务传输通道，具有很强的实用性与扩展性。

（2）安全性高。EPON 网络部署采用环网保护技术、虚拟专用网络业务隔离技术、虚拟交换网与 EPON 融合技术、防火墙技术、加密技术、网络存储与备份技术、网络管理与采集终端统一管理技术等，在系统的各个层面（操作系统、数据库系统、应用系统、网络系统等）均加以防范。

（3）无源光设备组网灵活。拓扑结构可支持树型、星型、总线型、混合型、冗余型等网络拓扑结构，非常适合配电网的树型或总线型网络结构。

（4）设备的使用寿命长。光分支器为无源器件，安装后几乎不需要维护，网络中的任何一台 ONU 故障都不会影响其他设备的正常工作。

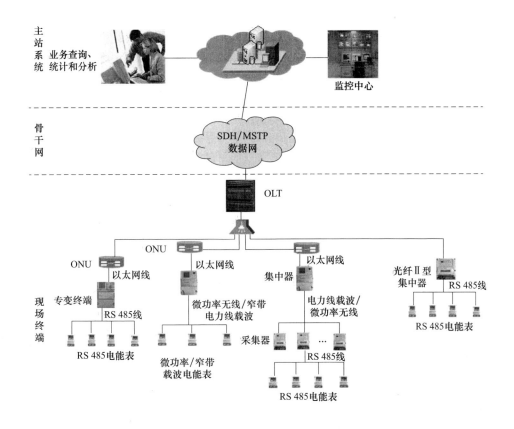

图 4-1　EPON 在采集系统中的具体应用

（5）OLT 和 ONU 提供以太网接入交换功能，并且可以支持简单网络管理协议（SNMP）进行网络管理。

（6）传输距离远。传输过程损耗小，无需中继设备，传输距离远，最大可达 20km。

（7）保密性好。安全性强，不易受电磁干扰和雷电影响，适合变电站或配电变压器附近电磁环境复杂场合。

（8）施工难度大。EPON 网络施工难度大、周期长、资金压力大，若建设低压集抄系统的光纤通信专网，从资金、带宽利用层面不符合建设节约型社会的发展理念。

4.4.2　发展趋势

EPON 产品已经具备国际标准化与相对成熟的产业链，具备多种应用价值，能够解决电力通信接入网建设中的很多实际问题，随着宽带接入技术的迅猛发展，光纤通信技术接入容量剧增，各国已经把光纤接入（fiber-to-the-x，FTTx）通信技术作为国家战略的重要组成部分，很多国家已经启动 100Mbit/s 宽带接入能力，并把每户 1G 接入能力列入宽带发展目标。鉴于每户带宽需求以每 5 年一个数量级递增并呈现加速趋势，1G EPON 可通过一键升级平滑演进到 10G EPON。

由以上可知，光纤通信技术在政策导向和技术发展两方面均具有较大优势，在未来一定时间内，光纤通信技术将是低压集抄系统上行通信信道的有效解决方案之一。

4.5　CATV通信技术

广电有线电视网络（community antenna television，CATV）传统上是广播型线性音视频节目的传输载体。2010年后，有线电视通信网络逐步完成了数字化、双向通信改造工作，它除了支持大量的数字广播频道之外，还支持语音、视频和数据通信业务。改造后的有线电视通信网络采用光纤和同轴电缆（五类双绞线）混合网，骨干网采用以太无源光网络，入户多采用同轴电缆。目前各省的广播电视局加强了有线电视通信网络的商业化运作，应用范围包括居民宽带上网、企业虚拟专网等。

有线电视通信网络的光纤基本已经接入每个居民小区的每一栋楼，而且距离电能表箱较近，有线电视通信网络能够方便、快捷地接入采集终端，基于有线电视通信网络的企业虚拟专网带宽有保证，传输的采集信息不受传输距离的限制，传输通道无杂波干扰、传输延迟小、丢包率极低。

4.5.1　技术特点

（1）覆盖面广、入户方便。

（2）免一次性投资、免维护。

（3）具有光纤网络的技术特征和传输特性。

（4）采集终端安装便捷，无需大量预布线。

（5）采集终端在线率高、一次抄表成功率高、一次购电信息下发成功率高。

（6）需要按照协议，周期支付通道租赁费用。

基于CATV的以上特点，电网企业可与广播电视局合作，利用有线电视通信网络完成以下工作：

（1）租用企业虚拟专网作为低压集抄系统通信信道，实现可靠电量抄读、电价下发和购电等基本用电功能。

（2）通过信息发布功能，将电力政策法规、停电通知和欠费催缴等信息发布到居民的电视机上。

4.5.2　CATV通信技术的应用

目前，CATV的带宽为500MHz，在理想情况下最高带宽可达1GHz以上。基于CATV通信网络的低压集抄系统由系统主站、CATV通信网络（含CATV调制解调器）、CATV采集终端和智能电能表5部分构成，如图4-2所示。采集终端下行通过RS 485总线方式采集电能表的数据，采集终端上行通过有线电视通信网络与采集系统主站进行数据交互，使用TCP/IP协议；替代了传统的集中器＋采集器的两层采集结构，因此系统具备传输速率高、数据稳定的特点。

虽然基于CATV的低压集抄起步较晚，目前在国内的应用范围还较小，但是该技术所具有的带宽高、安全性强、响应速度快及抄表成功率高等优点，已引起行业的重视。目前集中器接入CATV网络多数均需配置外置的CATV Modem，国内已有公司开发了基于国网与南网型式与功能规范要求的CATV通信模块产品，可直接安装在集中器上行通信模块位置，实现CATV网络接入。

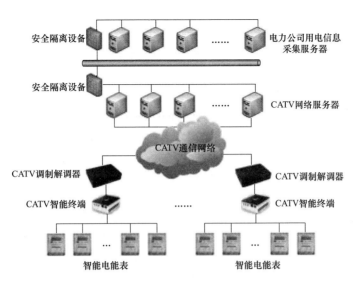

图 4-2　CATV 低压集抄系统结构示意图

CATV 通信在低压集抄系统应用中，需统筹考虑以下工程施工与费用：

（1）远程通信信道建设与维护由广播电视局负责，范围是系统主站机房 VPN 接入设备至楼道分线盒 RJ45 接口。

（2）电网企业需要购买接入采集终端的 CATV Modem 或 CATV 通信模块以及辅助器材，采集终端的安装及调试由电网企业负责。

（3）远程通信信道建设完成后，电网企业以企业虚拟专网的方式租用，2016 年该通信信道的租赁费用约为每月每个 IP 几元（各地区有差异）。

4.5.3　发展趋势

2016 年 5 月 6 日，中国广播电视网络有限公司正式获得了电信业务经营许可，广播电视网可以在国内开展数据传送业务，通信设施服务业务，这是三网融合的里程碑事件。随着国家三网融合的深入推进，CATV 通信在低压集抄中的应用将逐渐得到认可和重视。

因属于跨行业（电力行业与广播通信行业）的业务合作，CATV 低压集抄在建设过程中需考虑到以下政策、技术和经济多方面因素的影响。

（1）政策风险。低压集抄项目在策划阶段就要与广播电视局进行前期沟通，明确当地政策上是否允许有线电视通信网络作为抄表通道使用。

（2）技术风险。电网企业应与广播电视局签订合同协议约定抄表通道的组网方式、网络带宽、最大传输延迟（建议＜40ms）、最大丢包率（建议＜0.1%）、年最小无故障工作时间、年最大故障次数、最大故障恢复时间、网络安全策略等，保障集中抄表工作的顺利进行。广播电视局负责通信信道的网络安全工作，电力机房侧通过防火墙接入有线电视通信网络并执行内外网隔离策略。

（3）经济风险。电网企业应与广播电视局签订合同协议，约定较长一段时间内通信信道租赁费用的支付方式和金额，防止通信信道租赁费用的价格波动。

4.6 物联网通信技术

物联网（Internet of things，IoT）是新一代信息技术的重要组成部分，是物物相连的互联网，包含两层意思：①物联网的核心和基础仍然是互联网，是在互联网基础上的延伸和扩展的网络；②其用户端延伸和扩展到了任何物品与物品之间，进行信息交换和通信，也就是物物相息。物联网通过智能感知、识别技术与普适计算等通信感知技术，广泛应用于网络的融合中，也因此被称为继计算机、互联网之后世界信息产业发展的第三次浪潮。物联网的无线通信技术很多，主要分为两类：一类是 ZigBee、WiFi、蓝牙、Z-wave 等短距离通信技术；另一类是 LPWAN（low-power wide-area network，低功耗广域网），即广域网通信技术。物联网应用发展对无线连接技术的内在需求，已不再满足于短距离通信，正在向着距离更远、覆盖更广的方向发展，于是 LPWAN 应运而生，LPWAN 具有远距离、低功耗、低运维成本等特点，与 WiFi、蓝牙、ZigBee 等现有技术相比，LPWAN 真正实现了大区域物联网低成本通信全覆盖，成为新物联网应用重要基础支撑技术。

4.6.1 物联网关键技术

（1）传感器技术。这也是计算机应用中的关键技术。由于计算机处理的都是数字信号，自从有计算机以来就需要传感器把模拟信号转换成数字信号计算机才能处理。

（2）RFID 标签。这是一种特殊的传感器技术，RFID 技术是融合了无线射频技术和嵌入式技术为一体的综合技术，RFID 在自动识别、物品物流管理有着广阔的应用前景。

（3）嵌入式系统技术是综合了计算机软硬件、传感器技术、集成电路技术、电子应用技术为一体的复杂技术。经过几十年的演变，以嵌入式系统为特征的智能终端产品随处可见，小到人们身边的 MP3，大到航天航空的卫星系统。嵌入式系统正在改变着人们的生活，推动着工业生产以及国防工业的发展。如果把物联网用人体做一个简单比喻，传感器相当于人的眼睛、鼻子、皮肤等感官，网络就是神经系统用来传递信息，嵌入式系统则是人的大脑，在接收到信息后要进行分类处理。

物联网根据其实质用途可以归结为两种基本应用模式：

（1）对象的智能标签。通过 NFC、二维码、RFID 等技术标识特定的对象，用于区分对象个体，例如在生活中我们使用的各种智能卡、条码标签的基本用途就是用来获得对象的识别信息。此外通过智能标签还可以用于获得对象物品所包含的扩展信息，例如智能卡上的金额余额、二维码中所包含的网址和名称等。

（2）对象的智能控制。物联网基于云计算平台和智能网络，可以依据传感器网络用获取的数据进行决策，改变对象的行为进行控制和反馈。例如根据光线的强弱调整路灯的亮度，根据车辆的流量自动调整红绿灯间隔等。

4.6.2 物联网的主要通信技术

1. LoRa

LoRa 作为 LPWAN 中应用较为成熟的一种，是美国 Semtech 公司提出的一种无线扩频通信技术，具有接收灵敏度高、通信距离远等优点。2015 年 3 月 LoRa 联盟宣布成立，这是一个开放的、非营利性组织，其目的在于将 LoRa 推向全球，实现 LoRa 技术的商用。该联盟由 Semtech 牵头，发起成员还有法国 Actility、中国 AUGTEK 和荷兰皇家电信 KPN 等企业，到目前为止，联盟成员数量达 330 多家，其中不乏 IBM、思科、法国 Orange 等重量级厂商。

LoRa 主要在全球免费频段运行（即非授权频段），包括 433MHz、868MHz、915MHz 等。由于 LoRa 是工作在非授权频段的，无须申请即可进行网络的建设，网络架构简单，运营成本也低。LoRa 联盟正在全球大力推进标准化的 LoRaWAN 协议，使得符合 LoRaWAN 规范的设备可以互联互通。中国 LoRa 应用联盟（CLAA）在 LoRa 基础上做了改进优化，形成了新的网络接入规范。

LoRa 物理层使用线性调频扩频调制技术建立长距离通信链路。许多传统的无线电系统使用频移键控调制（FSK）作为物理层，因为 FSK 是一种实现低功耗的非常有效的调制。LoRa 是基于线性调频扩频调制，它保持了像 FSK 调制相同的低功耗特性，却明显地增加了通信距离。线性扩频已在军事和空间通信领域使用了数十年，由于其可以实现长通信距离和干扰的鲁棒性，LoRa 是 LPWAN 第一个实现的低成本商业应用。

LoRa 在技术方面的优势是具有超长距离的通信能力，LoRa 以其独有的专利技术提供了最大 168dB 的链路预算和＋20dBm 的功率输出。通常，在城市中 LoRa 无线距离范围是 1～2km，在郊区无线距离最高可达 20km。在一个给定的位置，无线通信距离在很大程度上取决于环境或障碍物，但 LoRa 有一个链路预算优于其他任何标准化的通信技术。

LoRa 采用了星型网络拓扑结构，通过一个网关或基站就可以大范围地覆盖网络信号，系统拓扑结构如图 4-3 所示。LoRaWAN 主要由终端（内置 LoRa 模块）、网关（或称基站）、网络服务器和应用服务器等部分组成，应用数据可双向传输。

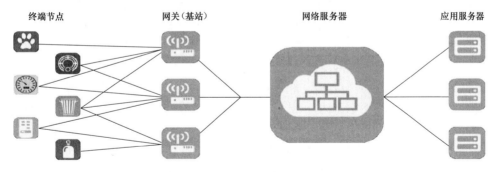

图 4-3　LoRa 网络系统拓扑结构示意图

在网状网络中，个别终端节点转发其他节点的信息，以增加网络的通信距离和网络区域规模大小。虽然这增加了范围，但也增加了复杂性，降低了网络容量，并降低了电池寿命，因节点接受和转发来自其他节点的可能与其不相关的信息。相对于 mesh 网，星型网十分简单，由于减少了路由和中继，LORA 降低了系统的功耗、通信延迟和成本，实现长距离、低功耗无线通信。

在 LoRa 广域通信网络（LoRaWAN）中，节点与专用网关不相关联。相反，一个节点传输的数据通常是由多个网关收到。每个网关将从终端节点所接受到的数据包通过一些回程（蜂窝、以太网等）转发到基于云计算的网络服务器。智能化和复杂性放到了服务器上，服务器管理网络并过滤冗余接收到的数据，执行安全检查，通过最优的网关进行调度确认，并执行自适应数据速率等。

随着 LoRa 的引入，嵌入式无线通信领域的局面发生了彻底的改变。这一技术改变了以往关于传输距离与功耗的折中考虑方式，提供了一种简单的能实现远距离、长电池寿命、大容量、低成本的通信系统。

LoRa 的优势主要体现在以下几个方面：

（1）大大地改善了接收的灵敏度，降低了功耗。

（2）基于该技术的集中器/网关支持多信道多数据速率的并行处理，系统容量大。

（3）工作在 1GHz 以下的非授权频段，在应用时不需要额外付费。

（4）基于终端和集中器/网关的系统可以支持测距和定位。

这些关键特征使得 LoRa 技术非常适用于要求功耗低、距离远、大量连接以及定位跟踪等的物联网应用，如智能抄表、智能停车、车辆追踪、宠物跟踪、智慧农业、智慧工业、智慧城市、智慧社区等应用和领域。

目前，LoRa 网络已经在世界多地进行试点或部署。据 LoRa 联盟 2016 年的数据，已有 9 个国家开始建网，56 个国家开始进行试点。LoRa 易于建设和部署，因此得到了越来越多国内公司的关注和跟进。

2. NB-IoT

NB-IoT 是基于蜂窝的窄带物联网（narrow band internet of things），为万物互联网络的一个重要分支。NB-IoT 作为 LPWAN 中新兴的通信技术，在 2015 年举行的 NB-IoT 论坛筹备会上，中国移动、中国联通、爱立信、阿联酋电信、GSMA、GTI、华为、英特尔、LG、诺基亚、高通、西班牙电信和沃达丰等全球主流运营商、设备、芯片厂商及相关国际组织均参与筹备会，支持 NB-IoT 的发展和部署。在这些全球主流的运营商、设备、芯片巨头的支持下，以 NB-IoT 搭建运营商级低功耗广域公网将成为现实。NB-IoT 构建于蜂窝网络，只消耗大约 180kHz 的频段，可直接部署于 GSM 网络、UMTS 网络或 LTE 网络，以降低部署成本，实现原有无线网络的平滑升级。

NB-IoT 采用超窄带、重复传输、精简网络协议等设计，以牺牲一定速率、时延、移动性能，获取面向 LPWAN 物联网的承载能力。NB-IoT 相较传统物联网技术有着自身的优势，在覆盖、功耗、成本、连接数等方面性能最优越。例如，NB-IoT 覆盖范围广，其覆盖范围远超物联网技术的 GSM 网络覆盖面积还大 10 倍；可支持海量连接，NB-IoT 每扇区可以提供 10 万个连接，在安全性和抗干扰性方面，基于授权频谱的 NB-IoT 也优于基于非授权频谱的技术。

2016 年 6 月，NB-IoT 核心标准正式在 3GPP R13 冻结，备受各方关注的 NB-IoT 规模化商用的基础终于落实，2017 年起 NB-IoT 开始试点并商用。

NB-IoT 的远距离传输、大连接以及基于蜂窝网络的特性使其具备远程抄表优势，随着 NB-IoT 技术的发展以及运营商对 NB-IoT 的不断投入，NB-IoT 的成本将大幅降低。另外 NB-IoT 的低功耗特性正符合水、气、热表对功耗的要求，因此 NB-IoT 可作为多表集抄的通用通信技术。

NB-IoT 包含了授权频段和非授权频段两种方式，其中 eLTE-IoT 即非授权频段的 NB-IoT。两者的特性对比如表 4-5 所示。

表 4-5   NB-IoT 授权频段和 eLTE-LoT 非授权频段特性对比

通信方案	频谱	优点	缺点
NB-IoT	运营商公用授权频谱，比如电信的 800MHz	不需要重复建设基站，部署成本低	安全性低，运营成本高
eLTE-IoT	非授权频谱，比如 470MHz	安全性高，不需要 SIM 卡，运营成本低	需要部署专门的基站，初期建设和维护成本高

NB-IoT 是多连接、小数据包、低功耗、低成本的具有发展前景的通信解决方案，是实现万物互联的重要技术，但在大数据传输能力上的欠缺以及不支持连续态的移动管理使其应用受到影响，需要结合其他与之特性互补的通信技术才能广泛推广。NB-IoT 提供了人与物、物与物之间的连接和信息交互，可以应用在以下多种场景：

（1）针对智能电能表、水表、燃气表等智能家居产品，配备智能终端芯片，可提供随时抄表服务，在该场景下，终端位置较为固定，上行时延不敏感，终端上传的数据量比较小，类似场景还包括智能垃圾桶、智慧农业等。

（2）针对智能城市的紧急预警如火灾自动报警场景，应终端位置固定，上行时延敏感。类似场景还包括燃气泄漏报警、电梯故障报警、老人急救等。

（3）针对移动速率较低的宠物追踪定位场景，移动终端的上行数据量较小，通过 GPS 定位可以确定终端的位置。类似场景还包括老人/幼儿实时定位等。

目前电力集抄系统主流的远程通信方式为 2G/3G 的无线公网（GPRS/CDMA），随着通信技术的发展和 4G 的普及，运营商与民用终端都转向 4G 网络，但无线公网巨额的资费是电网企业的一笔很大的支出。eLTE-IoT 为面向企业的 NB-IoT 解决方案，eLTE-IoT 可以弥补目前无线公网资费昂贵的不足，其在电力集抄系统中的应用方案如图 4-4 所示。

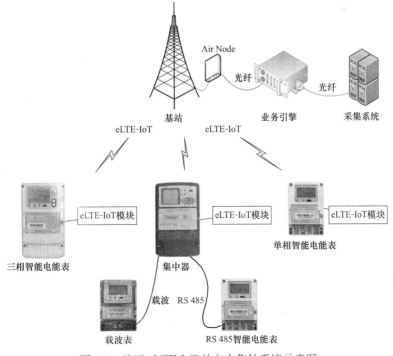

图 4-4　基于 eLTE-IoT 的电力集抄系统示意图

eLTE-IoT 在电力集抄系统中有三种基本的应用场景，即分别将 eLTE-IoT 嵌入到三相智能电能表、单相智能电能表和集中器。

（1）将 eLTE-IoT 模块替换三相智能电能表上的载波或 GPRS 模块，数据直接通过 eLTE-IoT 模块发送到主站，类似于三相网络表（GPRS）。

（2）将 eLTE-IoT 模块替换单相智能电能表上的载波模块，数据直接通过 eLTE-IoT 模块发送到主站，即为单相网络表，可以最大体现 eLTE-IoT 的优势，但功耗和尺寸方面还需要优化与考虑。

（3）将 eLTE-IoT 模块替换集中器上的 GPRS 模块，上行采用 eLTE-IoT 网络通信，下行方式不变，可无缝融入目前的电力集抄采统。

4.6.3 LPWAN 通信技术对比

LPWAN 通信技术除了 LoRa、NB-IoT、SigFox、LTE-M 外，还包括 NWave、On-Ramp、Platanus、Telensa、Weightless、Amber Wireless、Silverspring 等，低功耗技术特点和物联网应用特点是这类技术的核心内容。除了在电力行业数据采集应用以外，LPWAN 通信技术还应用到水、燃气等计量表、市政管网、路灯、垃圾站点等公用事业，大面积的畜牧养殖和农业灌溉，广布局且环境恶劣的气象、水文、山体数据采集，矿井和偏僻的户外作业等多个领域。

LoRa、NB-IoT 作为两种主流 LPWAN 通信技术，其参数对比如表 4-6 所示。

表 4-6   主流 LPWAN 混合扩频通信技术参数对比

参数项目	LoRa	NB-IoT
通信距离	15～45km 空旷	5km 城市
工作频率	470～510MHz，支持宽频	Sub GHz
传输速率	0.3～5kbit/s	250kbit/s（Down Load）
最大节点数	200～300k/HUB	100k/HUB
运营模式	公开或私有	公开或私有
标准化	否	3GPP R13 NB-IoT

LoRa 和 NB-IoT 都是目前极具发展前景的低功耗广域网通信技术，从技术上看，两者之间其实并没有太大的优劣之分。从应用范围上来看，两者的很多应用是一致的，在远程抄表领域的应用范围其实也没有太大区别，都是智能电能表（仅计费）、水表、燃气表等低数据量的采集。区别在于，NB-IoT 主要采用的是运营商统一部署覆盖全国的网络并进行收费运营的方式，而 LoRa 可以让企业搭建属于自己的网络实现业务运营。

无论 LoRa 还是 NB-IoT 的网络都需要无线射频芯片来实现连接和部署。NB-IoT 和 LoRa 都采用了星型网络拓扑结构，通过一个网关或基站就可以大范围地覆盖网络信号。NB-IoT 主要工作在授权频段，基本上是运营商的市场，基站设备一般是由通信设备服务商提供，需要用到运营商的基站。LoRa 工作在免授权频段，任何企业都可以自己设计开发网关，自行组建网络。

4.6.4 6LoWPAN

6LoWPAN 是一种基于 IPv6 的低速无线个域网标准，即 IPv6 over IEEE 802.15.4。

IEEE 802.15.4 标准设计用于开发可以靠电池运行 1～5 年的紧凑型低功率廉价嵌入式设备（如传感器）。该标准订立之初，是使用工作在 2.4GHz 频段的无线电收发器传送信息

（随着 IEEE 802.15.4 新标准的发布，频率范围已经扩充到全频段），使用的频带与 WiFi 相同，但其射频发射功率大约只有 WiFi 的 1‰。这限制了 IEEE 802.15.4 设备的传输距离，因此，多台设备必须一起工作才能在更长的距离上逐跳传送信息和绕过障碍物。

之前，人们认为将 IP 协议引入小无线通信网络是不现实的（并不是完全不可能）。迄今为止，小无线组网只采用专用协议，因为 IP 协议对内存和带宽要求较高，要降低小无线组网运行环境要求以适应微控制器及低功率无线连接很困难。基于 IEEE 802.15.4 实现 IPv6 通信的 IETF 6LoWPAN 草案标准的发布有望改变这一局面。6LoWPAN 所具有的低功率运行的潜力使它很适合应用在从手持机到仪器的设备中，而其对 AES-128 加密内置的支持为强化认证和安全性打下了基础。

通常，IEEE 802.15.4 的帧长度不超过 127 字节；而 IPv6 的帧头为 40 字节，帧长度却要支持 1280 字节（RFC2460）。因此，6LoWPAN 需要支持分帧处理。

6LoWPAN 原来指定的调制方式是 QPSK，以提高通信的效率和可靠性。但现在随着互联网技术的高速发展，越来越多的无线 RF 甚至 PLC 通信转而采用 IPv6 协议，调制方式也不局限于 QPSK。例如 LoRWAN、G3-PLC 等。

IETF 6LoWPAN 工作组的任务是定义在如何利用 IEEE 802.15.4 链路支持基于 IP 的通信的同时，遵守开放标准以及保证与其他 IP 设备的互操作性。

随着 IPv4 地址的耗尽，IPv6 是大势所趋。物联网技术的发展，将进一步推动 IPv6 的部署与应用。IETF 标准下的 6LoWPAN 技术具有无线低功耗、自组织网络的特点，是物联网感知层、无线传感器网络的重要技术，ZigBee 新一代智能电网标准中 SEP2.0 已经采用 6LoWPAN 技术，随着美国智能电网的部署，6LoWPAN 将成为事实标准，将全面替代 ZigBee 标准。

6LoWPAN 具有如下技术优势：

（1）普及性。IP 网络应用广泛，作为下一代互联网核心技术的 IPv6，也在加快其普及地步伐，在低速无线个域网中使用 IPv6 更易于被接受。

（2）适用性。IP 网络协议栈架构受到广泛地认可，低速无线个域网完全可以基于此架构进行简单、有效地开发。

（3）更多地址空间。IPv6 应用于低速无线个域网时，最大亮点就是庞大的地址空间。这恰恰满足了部署大规模、高密度低速无线个域网设备的需要。

（4）支持无状态自动地址配置。IPv6 中当节点启动时，可以自动读取 MAC 地址，并根据相关规则配置好所需的 IPv6 地址。这个特性对四表（智能电能表、水表、燃气表、热量表）和传感器网络（物联网、车位管理网等）来说，非常具有吸引力，因为在大多数情况下，不可能对传感器节点配置用户界面，节点必须具备自动配置功能。

（5）易接入。低速无线个域网使用 IPv6 技术，更易于接入其他基于 IP 技术的网络及下一代互联网，使其可以充分利用 IP 网络的技术进行发展。

（6）易开发。目前基于 IPv6 的许多技术已比较成熟，并被广泛接受，针对低速无线个域网的特性，对这些技术进行适当的精简和取舍，可以简化协议开发的过程。

4.7　其 他 通 信 技 术

除以上多种技术以外，低压集抄系统上行通信也少量应用了其他通信技术，如工频通信技术、白空间通信技术等，工频通信技术具有跨越变压器优势，白空间通信技术目前是国际研究的一个热点。

4.7.1　工频通信技术

工频通信技术是国外新兴的电力配电网双向数字通信技术，是一种特殊的电力线通信技术。1978 年，美国科学家 Johnston. R. H 提出一种在电力线路上调制电压波形来实现信息传输的方法，形成单向工频通信的基本理论。1982 年，Mak. S. T 在此基础上提出了一套较完整的系统理论，即双向自动通信系统，对上述方法的双向信号调制模型、传输模型和测试方法加以改进和研究。工频通信技术就是在此理论基础上发展起来的一种特殊的电力线通信技术。

工频通信技术特点：

（1）完全利用现有的中、低压配电网络为传输载体，无需额外通信线路，成本低廉。

（2）信号传输过程中无泄露和旁路，衰减小，无需滤波器和阻波器。

（3）信号可穿透配电变压器实现跨台区通信，减少了地域性的限制。

（4）实现完全直接的双向通信，上下行通道互不干扰，可以进行多通道通信。

（5）对电网本身没有干扰，处于电网容许范围以内。

（6）对电网本身的频率和幅值变化不敏感，抗干扰能力强。

（7）信号在过零点附近调制，所需的调制功率小，易于实现。

与电力线载波通信系统相比，工频的通信原理决定了其工频通信的属性，虽然工频通信具有信号可穿透配电变压器实现跨台区通信等优点，但通信速率极低，只能应用在实时性要求不高的应用场合，比如偏远山区的远程抄表等。

4.7.2　白空间通信技术

白空间是指在地面无线传输的电视频道之间的空余电视信号频段，这些频段在特定区域暂时未使用，处于闲置状态。国际电信联盟称之为"空白频道"。在开发利用白空间的过程中，需要关注感知无线电、正交频分复用、动态频率规划、时分双工及载波聚合等关键技术。

白空间的频率均在 1GHz 以下，具有信号传输距离远、能穿透墙壁和其他障碍物、设备能耗低、经济高效等优点，近年来受到了各行业和电信运营商的广泛关注。这些较低频率可扩大通信业务覆盖范围，利用较少的基础设施提供更大的移动覆盖，降低通信业务的成本，尤其是在农村地区。

白空间比 GPRS 覆盖面更广，成本更低，无线电频谱可免费使用，而移动手机则需要支付上亿的费用来获取频谱使用许可证，而且白空间通信芯片成本远远低于 GPRS 接收器成本。另外，尽管智能计量网络可能由数百万甚至数十亿的终端设备组成，但需要传输的数据却很少，机器对机器传输是几百个字节的传输而不是流媒体传输，能节省运行支出。

白空间信号利用电视频道的空余频段来传输信息。这些频段的信号能够远距离传输，并轻松穿透墙壁和其他障碍物。人们公认，这些免费接收的频段比无线通信更加经济高效，而且白空间所需的电量也较少。白空间通信技术一般应用于没有无线公网信号和以太网信号的低压集抄台区，解决上行通信问题，但是存在系统主站白空间通信设备建设费用高、设备复杂、运维难度大等问题。

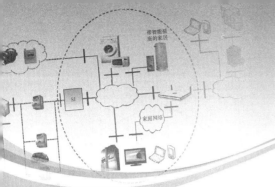

第5章

电力用户户内双向交互技术

在物联网大潮的席卷下，全球步入智能化发展的行列，我国资讯化建设尤其是智慧城市建设进入了发展快车道，智能家居以城市最小单元"家"为平台，集家庭设施、自动化、智能化于一体，是智慧城市的重要组成单元。智能电网是智慧城市的基础和依托，智能电网正以双向互动通信技术为支撑，以智能控制为手段，向着实现与电力用户的电能、信息和业务的双向互技术动方向发展。

为了应对智能家居及智能电网对信息交互的需求，提高客户满意度，在低压集抄系统中实现电力用户户内双向交互功能已成为发展趋势。电力用户户内双向交互技术的基本功能有：

(1) 用户智能电能表数据集抄。
(2) 智能电能表电力数据信息查询，用户账单明细及其他用电信息查询请求和反馈等。
(3) 实现用户家用能耗数据分析，改善用电习惯，提高节能效果。
(4) 通过可视化界面接受小区信息、社区服务信息等增值服务。

5.1　户内信息交互系统

在低压集抄系统中，用户户内信息交互技术支持用户对三网融合、智能家居、社区服务等增值服务的需求，满足智能用电对技术先进、节能减排、服务多样、友好互动的要求，构建电网与用户之间信息、能量、业务实时互动的新型供用电关系。

5.1.1　系统架构

户内信息交互系统为电网企业和电力用户之间的交互提供友好、可视的交互平台，交互系统无须更改智能电能表结构，只需在家庭中接入户内交互终端和户内显示终端，就可以实现和用户的信息交互，其系统结构如图5-1所示。

5.1.2　实现功能

户内交互终端和户内显示终端是电网与用户进行互动的一套设备，安装在用户室内，用户能够通过交互终端在显示终端界面上与电网进行信息的收发，还能与家庭内网的家电进行通信，显示各种用电信息以及停电信息等提醒信息，并通过可视化界面接受小区信息、社区服务信息等增值服务。作为智能用电的重要技术支撑，户内信息交互技术不仅体现了智能用电的互动性，还可为供电企业进行需求侧管理提供坚实基础。

户内显示终端是用户使用显示设备，借助交互终端并通过电力网可以向系统主站发送用户请求—填写用户调查意见表—点击发送—上传至系统主站；用户户内显示终端可以接收来自于集中器、系统主站分析的家用能耗数据，作为合理调节家庭用能的依据。

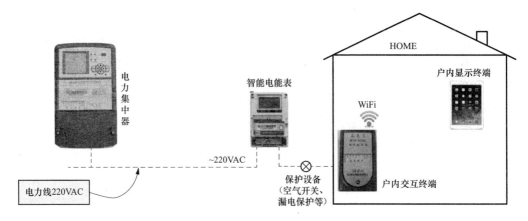

图 5-1　电力用户户内交互系统结构

5.2　户内交互数据分析

5.2.1　智能电能表数据分类及差异

1. 分类

依据智能电能表功能规范以及智能电能表通信协议，现有居民用智能电能表根据电源类别和费控方式的差异，可区分为以下四种类型：

（1）单相远程费控智能电能表。

（2）单相本地费控智能电能表。

（3）三相远程费控智能电能表。

（4）三相本地费控智能电能表。

2. 智能电能表的差异

四种智能电能表在功能、用途及技术指标等方面存在如下差异：

（1）单相远程费控智能电能表可采集数据项最少，仅可以采集到正向有功电能量、单相电压值、单相电流值、负荷数据、事件数据以及部分参变电量数据等。

（2）单相本地费控智能电能表除具备单相远程费控智能电能表具备的全部数据外，还具备购电相关数据。

（3）三相远程费控智能电能表较三相本地费控智能电能表缺少了购电相关数据。

（4）三相本地费控智能电能表可采集的数据相对较全面，具备有功、无功双向分时电能计量、分相双向计量、需量计量、功率因数计量、缺相报警等众多功能。

智能电能表通信协议主要根据 DL/T 645，因采用通信协议版本的不同，智能电能表实现的功能也有所差异。

5.2.2　户内双向交互应遵循的原则及业务数据分析

1. 户内双向交互应循序的原则

户内双向交互的目的是给用户提供便捷的服务，让用户及时了解到能源的（电、水、燃气、热力等）使用情况，引导用能习惯，在提升用户用电质量的同时促进智能电网的发展。双向互动应遵循如下设计原则：

（1）用户至上原则。用户是电网企业业务开展和服务的对象，也是电网企业的收入的来源。一切业务均离不开用户的参与，双向互动开放的交互内容必须以用户为中心。本着为用户提供更好服务的目的，对用户开放用户最为关注的数据内容，给用户一个直观、良好地展示。

（2）实用性原则。开放与用户实际用电相关的数据，避免将用户不关注的数据或用能的无关数据开放给用户。用户可及时了解自身用电数据信息，并能够依据相关数据了解自身的用能行为和习惯，避免出现用户欠费、不合理用能等情况的发生。

（3）安全性原则。开放的业务数据是系统正常运行的基础，必须确保数据在传输、处理、存储过程中的保密性、完整性和可用性。防止数据和程序被截取或篡改。在开放互动数据应以保证电网企业采集业务不受影响为原则，确保系统安全稳定运行。

（4）指导性原则。开放的数据应主要用于指导用户进行家居能效分析，加强用户的节能意识，改善用能习惯。

（5）避免结算冲突原则。因智能电能表开放的数据均为智能电能表本身数据，是电力结算数据的基础数据。由于目前营业使用的结算数据是周期一定时间范围内某个时间的冻结电量或抄读电量数据，与智能电能表直接获取的月末零点冻结数据不一定一致，另外结算数据还可能包括一些退补电量等数据，因此开放的数据与用电结算数据时间段可能不同。应尽可能避免将开放的数据叠加形成月电量汇总数据并与结算数据进行比对，使用户产生理解错误。

依据实用性原则和安全性原则，在设计互动终端通信模块时，为了兼容现有智能电能表，不改变现有智能电能表形式、计量功能和技术指标要求，不影响智能电能表和采集设备的正常运行，在通信方式上应采用可热插拔、可更换的内嵌式交互通信模块（以下统称交互模块），支持双向通信（尽可能采用独立信道方式或基于 IP 方式），满足用户互动通信要求。对于现有采用 RS 485 通信接口的智能电能表可直接增加交互模块，对于采用低压电力线载波和微功率通信接口的智能电能表可直接将现有模块更换为交互模块。

2. 数据分析

考虑到用电的安全性、稳定性以及具体业务需求和用户关注焦点等方面因素，部分数据项不适合用于直接的双向互动。因此，本着贴合实际应用、合理避免结算冲突降低系统开发风险的原则，在不影响用电数据采集和程序设计满足用户需求的前提下，对向用户展示的数据分析如下：

（1）随着智能电能表建设的推广，用户的用电模式也在逐步向费控用电模式转化，意在引导用户科学用电、合理规划用电。用户日常生活中，在用电环节最关心的数据主要为用电量和电费余额数据。用户从电网企业购得一定金额的电量后，会同步跟踪记录本次购电电费使用周期。通过相邻两次购电金额使用周期的长短来对生活用电细节进行评估，在无形之中树立起节能意识。

（2）直接双向交互对用户提供日用电量数据以及剩余金额信息，用户可以更好的评估个人用电行为习惯，合理规划用电，不断改进个人的用电行为。同时考虑到用户电费结算周期为月度，用户可能会采用日电量累加值与当月结算用电量进行比对，由于全部电力用户的结算日不能完全集中在月底或月初的同一天进行，用户的结算日可能为当月的某一天，用户累加的电量可能会与月结账单有一定冲突，因此，不提供月冻结电量，均提供日电量数据（提供近 31 天的日冻结电量数据即可），以免引起不必要的纠纷。

通过上述分析过程，依据 DL/T 645 通信协议筛选出的可交互业务数据内容如表 5-1所示。

表 5-1   可交互业务数据内容

序号	数据类型	业务数据
1	电能数据	近 31 天日冻结电量、分时电量数据
2	负荷数据	当前瞬时总有功功率
3		负荷曲线数据
4	需量数据	近 3 个月月冻结正向有功总最大需量
5	参变量数据	报警金额限值、报警电量限值
6	购电相关数据	剩余金额、支付金额

5.2.3 交互软件功能

在数据信息安全可控的基础上，合理组合上述基础数据，户内交互终端软件应给客户提供较多的用能感知度，引导客户科学合理用能。

（1）参数设置。用户登录终端软件时，应具备注册个人在用电能表编号、用户编号、电能表倍率、电能表通信地址等重要参数信息。正确设置相关参数信息后，终端软件方可正常工作。

（2）电量查询。互动终端通过读取智能电能表中的日冻结电能数据，利用软件中自身电量计算功能计算出用户近 31 天的日用电量数据，并以曲线或柱状图等方式直观地展示给用户。

对于智能家居系统用户，互动数据要充分集成到家庭能效应用中，使家庭能效管理成为可能。互动终端通过智能插座还可采集各智能电器实时电量数据并记录下历史日电量数据，方便用户及时了解各家用电器耗电情况，及时调整各电器开、关时间，达到节能目的。

（3）需量查询。此功能仅针对三相智能电能表用户开放，可以查询到近三个月月冻结最大需量信息，引导用户合理用电、有效节能。

（4）剩余金额查询。此功能针对本地费控智能电能表用户开放，互动终端通过读取电能表中的剩余金额数据项，经过互动软件的分析可得到当前电能表中的剩余金额数据，方便用户及时掌握用电情况。

（5）告警信息推送。对于本地费控智能电能表用户，互动终端可以读取电能表中的报警金额限值数据。通过与剩余金额数据进行比较，发现剩余金额低于报警金额时，可以及时提醒用户余额不足。

（6）用电负荷查询。互动终端通过读取智能电能表中的瞬时总有功功率数据，互动软件可为用户提供当前用电设备的总有功功率数据，方便用户了解用电设备工作的正常电功率。互动终端还可读取智能电能表中的负荷记录数据，通过互动软件的分析为用户绘制出最近一段时间用电设备工作的电功率数值曲线。

（7）智能用电控制。在已部署智能家居系统的家庭中，智能电能表与智能家居系统的配合，可以实现居民用电的自动调节，在不影响基本生活的前提下，达到用电负荷均匀分布，同时减少用户电费支出。

用户可以通过自动或手动的方式，设置互动终端对读取的智能电能表电量数据及各智能电器用电量数据进行定时对比分析，合理自动控制智能插座开关，使用户优化用电方式。

（8）智能用电分析。通过用户日用电量、用电负荷曲线等数据统计、分析出用户最近一段时间的用电习惯。对于具有智能家居系统的家庭用户，互动终端通过采集各家用电器的智能插座电能量，还可为用户统计出各电器最近一段时间的用电量数据，用户通过互动终端可主动或手动设置各电器合理用电时间，控制各家用电器的启停。

5.3　户内无线通信技术

户内通信技术主要是短距离的通信技术，也是智能家居中常见的通信技术。户内通信技术有无线通信技术和有线通信技术，是低压集抄系统实现电力用户数据"入户"的通道，与智能家居结合应用，实现数据和控制双向传输。

在智能家居领域，户内通信技术通常有 WiFi、蓝牙、红外、ZigBee、RFID、NFC 等多种无线通信技术，以及电力线载波（窄带/宽带）、有源 RS 485、M-Bus、以太网、有线电视网、电话线等有线通信技术，本节重点介绍户内无线通信技术。

5.3.1　WiFi

WiFi（wireless fidelity），是一种符合 IEEE 802.11b 标准的无线局域网，通常使用 ISM 频段 2400～2483.5MHz 和 5725～5850MHz 的授权频率，产品应用需向 WiFi 联盟申请认证测试。

WiFi 典型特性有：

（1）有效通信距离长、可靠性高。在开放性区域，通信距离可达 305m；在封闭性区域，通信距离为 76～122m，方便与现有的有线以太网络整合，组网的成本更低。

（2）无线电波的覆盖范围广。WiFi 的覆盖半径则可达 100m，办公室、建筑楼宇均可正常使用。

（3）传输速度快。有效传输速率 20Mbit/s，最高可以达到 54Mbit/s，满足基本的数据交互需求。

（4）安全性高。目前，通信技术日益发达，无线通信安全的地位也日益重要，WiFi 采用了多重安全机制（如 WiFi 技术网桥采用了 MAC 地址绑定）、WPE 加密等方式，WiFi 的无线访问节点（Access Point，AP）采用 WAP、WPA2 等加密方式，IEEE 已经批准了 IEEE 802.11w 标准，它保护无线管理帧，使无线链路更好地工作，让无线通信变得安全可靠。

WiFi 联盟所公布的 WiFi 认证种类如表 5-2 所示。

表 5-2　　　　　　　　　　　WiFi 联盟所公布的认证种类

认证种类	描述
WPA/WPA2	WPA/WPA2 是基于 IEEE802.11a、802.11b、802.11g 的单模、双模或双频的产品所建立的测试程序。内容包含通信协定的验证、无线网络安全性机制的验证及网络传输表现与相容性测试
WMM（WiFi mul-tiMedia）	当影音多媒体透过无线网络的传递时，要如何验证其带宽保证的机制是否正常运作在不同的无线网络装置及不同的安全性设定上是 WMM 测试的目的
WMM power save	在影音多媒体透过无线网络的传递时，如何透过管理无线网络装置的待命时间来延长电池寿命，并且不影响其功能性，可以透过 WMM power save 的测试来验证

认证种类	描述
WPS（WiFi protected setup）	这是一个 2007 年年初才发布的认证，目的是让消费者可以透过更简单的方式来设定无线网络装置，并且保证一定的安全性。当前 WPS 允许透过 pin input config（PIN）、push button config（PBC）、USB flash drive config（UFD）以及 near field communication、contactless token config（NFC）的方式来设定无线网络装置
ASD（application specific device）	这是针对除了无线访问节点及站台之外其他有特殊应用的无线网络装置，例如 DVD 播放器、投影机、打印机等
CWG（converged wireless group）	主要是针对 WiFi mobile converged devices 的 RF 部分测量的测试程序

WiFi 最主要的优势在于不需要布线，可以不受布线条件的限制，因此非常适合移动办公用户的需要，具有广阔市场前景。目前它已经从传统的医疗保健、库存控制和管理服务等特殊行业向更多行业拓展，并且已进入家庭以及教育机构等领域。

当前，智能家居产业正如火如荼地进行，可以预见，未来智能家居的发展，将不再局限于对家电设备、灯光等设备的遥控，嵌入式智能终端以及 Internet 的广泛应用必将使家居控制变得更加自动化、智能化和人性化，WiFi 技术将改变传统智能家居的模式，把智能家居推上一个快速发展的舞台。

家庭智能中的各种家用电器加入 WiFi 无线网络，经过智能化分类、改造，给每个电器分配一个 IP 地址，通过 WiFi 给电器发出相关的控制指令（比如启动空调、打开热水器等），同时也可以通过 WiFi 实时读取电器的用电参数（如电流、电压、频率、功率、功率等参数）。家庭智能终端和移动终端可以实时读取家里电器的用电信息，并通过互联网发送到电网企业。

同时，电网企业可以发布给用户实时的电价信息，达到"削峰填谷"的负荷调节；加入智能安防系统，通过网络连接到家庭智能终端，可以实时获取报警信息。智能水表、智能燃气表、智能热量表等多种居民用仪表，也通过无线方式连接到智能终端，综合各种能源数据，绘制一张"能源互联网＋智慧能源"的大网络。

5.3.2 蓝牙

蓝牙（bluetooth）是一种符合 IEEE 802.15.1 的无线技术标准，使用 ISM 频段 2.402～2.480GHz 的 UHF（特高频）无线电波，可实现固定设备、移动设备和楼宇个人局域网之间的短距离数据交换。该技术由爱立信公司于 1994 年创制，当时是作为 RS 232 数据线的替代方案。蓝牙通信技术解决了数据同步的难题，相比 RS 232 通信，蓝牙可连接多个设备。

蓝牙技术由蓝牙技术联盟（SIG）管理，蓝牙技术联盟在全球拥有超过 25 000 家成员公司，它们分布在电信、计算机、网络和消费电子等领域，该联盟负责监督蓝牙规范的开发、管理认证项目并维护商标权益。制造商的设备必须符合蓝牙技术联盟的标准才能以"蓝牙设备"的名义进入市场。蓝牙技术拥有一套专利网络，可发放给符合标准的设备。

该技术使用跳频调制方式，将传输的数据分割成数据包，通过 79 个指定的蓝牙频道分别传输数据包，每个频道的频宽为 1MHz。蓝牙 4.0 使用 2MHz 间距，可容纳 40 个频道，第一个频道为 2402～2480MHz，具有适配跳频（adaptive frequency-hopping，AFH）功能，通常每秒跳 1600 次。

蓝牙无线收发器发射功率为 1mW（0dBm），通常情况下通信距离可以达到 10m，且不限于直线范围内，若是将发射功率调整到 100mW（20dBm）或配置专用的扩大器后，通信距离最大可以达到 100m，可靠数据传输速率为 1～2Mbit/s，采用时分方式全双工通信。蓝牙通信技术支持点对点和点对多点通信模式，手持设备常用点对点蓝牙通信模式。

蓝牙技术新版本 V4.2 于 2014 年发布，它为物联网推出了一些关键性能，是一次硬件更新，部分原有蓝牙硬件也可以获得蓝牙 V4.2 的一些功能，如通过固件实现隐私保护更新。

蓝牙技术作为用户户内设备与手持维护设备（如专用掌机、居民普通使用的手机等）之间必不可少的通信方式，嵌入设备内部的蓝牙通信模块具有体积小、技术成熟、长期运行功耗低等优点，在智能家居领域得到广泛应用。

5.3.3 红外线通信

红外线是一种电磁波，可以实现数据的无线传输，自 1800 年被发现以来，在寻找水源、气象监测、监视森林火灾、医疗、军事等各个领域得到广泛应用，在仪器仪表上的应用也十分普遍。红外通信是异步的、半双工的，依托于异步通信收发器（UART），工作频率一般为 38kHz，理论最高数据传输速率为 115200bit/s。目前，不论在 Q/GDW 1373《电力用户用电信息采集系统功能规范》中，还是在 Q/CSG 11109003 和 Q/CSG 11109005 中，均要求电能计量设备支持红外线通信方式，实现本地对电能计量设备数据读取和参数设置，通信速率一般为 1200bit/s。

作为一种近距离无线传输技术，红外线具有如下特点：

（1）红外线技术的主要应用是设备互联、信息网关，设备互联后可完成不同设备内文件与信息的交换，信息网关负责连接信息终端和互联网。

（2）红外线通信技术适合于低成本、跨平台、点对点高速数据连接。

（3）红外线通信技术已被全球范围内的众多软硬件厂商所支持和采用，目前主流的 软件和硬件平台均提供对它的支持。可以在同样具备红外线接口的设备间进行信息交流。

（4）由于需要对接才能传输信息，安全性较强。

（5）红外线传输是一种点对点的无线近距离传输方式，要对准方向，且中间不能有障碍物，遇障碍物通信即中断。

（6）红外线通信技术的主要目的是取代线缆连接进行无线数据传输，功能单一，扩展性差。

5.3.4 ZigBee

ZigBee 是一种复合 IEEE 802.15.4 标准的低功耗局域网通信技术，又称紫蜂通信技术，具有近距离、低复杂度、自组织、低功耗和低数据速率等技术特点，可以嵌入各种设备，主要适合用于自动控制、远程控制领域。

该技术使用 2.4GHz 频段，采用无线跳频技术，与蓝牙相比，ZigBee 更简单、功率及费用也更低。它的基本速率是 250kbit/s，比蓝牙速率要慢，但传输距离要远；ZigBee 当速率降低到 28kbit/s 时，传输范围可扩大到 134m，并获得更高的可靠性。

作为一种专为局域网小容量数据传输开发的网络，ZigBee 主要具有如下特点：

（1）功耗低。由于 ZigBee 发射功率仅为 1mW（0dBm），支持休眠模式。据估算，Zig-Bee 设备仅靠两节 5 号电池就可以维持长达 6 个月到 2 年左右的使用时间，这是其他无线设备所不能实现的。

（2）成本低廉。ZigBee 模块成本低廉，且 ZigBee 协议是免专利费的。

（3）时延短。通信时延和从休眠状态激活的时延都非常短，典型的搜索设备时延 30ms，休眠激活的时延是 15ms，活动设备信道接入的时延为 15ms，因此 ZigBee 技术适用于对时延要求苛刻的无线控制（如工业控制场合等）。

（4）网络容量大。一个星型结构的 ZigBee 网络最多可以容纳 254 个从设备和一个主设备，一个区域内可以同时存在最多 100 个 ZigBee 网络，而且网络组成灵活。

（5）可靠性高。采取了碰撞避免策略，同时为需要固定带宽的通信业务预留了专用时隙，避开了发送数据的竞争和冲突。MAC 层采用了完全确认的数据传输模式，每个发送的数据包都必须等待接收方的确认信息，如果传输过程中出现问题可以进行重发。

（6）安全性高。ZigBee 提供了基于循环冗余校验的数据包完整性检查功能，支持鉴权和认证，采用了 AES-128 的加密算法，各个应用可以灵活确定其安全属性。

5.3.5　RFID

RFID 通信，又称射频识别技术（radio frequency identification，RFID），是一种非接触式的自动识别技术，它通过射频信号自动识别目标对象并获取相关数据，识别工作无需人工干预。RFID 作为条形码的无线版本，相比条形码，具有防水、防磁、耐高温、使用寿命长、读取距离大、标签上数据可以加密、存储数据容量更大及存储信息更改自如等优点，其应用也给零售业、物流业等领域带来了革命性变化，依靠 RFID 技术的加密产品采用晶片密码，具有唯一性、无法复制，以安全性高和寿命长著称。

RFID 的典型工作频率有低频（125～134kHz）、高频（13.56MHz）、超高频（433MHz、860～960MHz）、微波（2.4GHz、5.8GHz）四种模式。

采用 RFID 技术的产品分为无源 RFID（又称被动式）、有源 RFID（又称主动式）、半有源 RFID 三大类的产品。

（1）无源 RFID 产品发展最早，也是发展最成熟，市场应用最广的产品。比如公交卡、食堂餐卡、银行卡、宾馆门禁卡、二代身份证等均为无源 RFID 产品，这个在我们的日常生活中随处可见，属于近距离接触式识别类。

（2）有源 RFID 产品是最近几年慢慢发展起来的，其远距离自动识别的特性，决定了其巨大的应用空间和市场潜质。在远距离（理论最远距离可达 1500m）自动识别领域，有源 RFID 产品广泛应用于如智能监狱、智能医院、智能停车场、智能交通及物联网等。有源 RFID 在这些领域异军突起，属于远距离自动识别类。

（3）半有源 RFID 产品结合有源 RFID 产品及无源 RFID 产品的优势，在低频 125kHz 频率的触发下，让微波 2.45GHz 发挥优势。半有源 RFID 技术，也可以叫作低频激活触发技术，利用低频近距离精确定位、微波远距离识别和上传数据，来解决有源 RFID 和无源 RFID 没有办法实现的功能。该产品集有源 RFID 和无源 RFID 的优势于一体，在门禁进出管理、人员精确定位、区域定位管理、周界管理、电子围栏及安防报警等领域有着很大的优势。

自 2011 年以来，国内电网企业已经利用 RFID 物联网技术，实现电力设备状态检测、电力生产管理、电力资产全寿命周期管理、智能用电等应用，尤其在智能用电领域，利用物联网技术实现智能用电双向交互服务、用电信息采集、智能家居、家庭能效管理、分布式能源接入及电动汽车充放电监测等电力服务功能，为实现用户与电网的双向互动、提高供电可靠性与用电效率以及节能减排提供技术保障。

5.3.6　NFC

NFC通信（near field communication），又称近场通信技术，工作频率为13.56MHz，是由RFID及互联互通技术整合演变而来的，由飞利浦半导体公司和索尼公司在2003年基于非接触式卡技术发展起来的一种与之兼容的无线通信技术，兼容ISO 14443（非接触式IC卡标准）协议。该技术在单一芯片上结合感应式读卡器、感应式卡片和点对点的功能，能在短距离内与兼容设备进行识别和数据交换。然而，NFC通信并没有兼容所有的13.56MHz的RFID技术内容，只是取舍地兼容ISO 14443 TypeA和ISO 15693（针对射频识别应用）两种协议，如身份证ISO 14443 TypeB并不支持。

为了推动NFC的发展和普及，业界创建了一个非营利性的标准组织——NFC Forum，促进NFC技术的实施和标准化，确保设备和服务之间协同合作。NFC Forum在全球拥有数百个成员，包括：英特尔、索尼、飞利浦、LG、摩托罗拉、NEC、三星等国外的公司，其中也有中国移动、华为、中兴、小米等中国公司。

1. 与RFID相比，NFC技术特点

（1）NFC是一种近距离连接协议，提供轻松、安全、迅速通信的无线连接技术，是一种近距离的私密通信方式。RFID的传输范围可以达到几米甚至几十米，但由于NFC采取了独特的信号衰减技术，相对于RFID来说，NFC具有距离近、带宽高、能耗低等特点。

（2）NFC与现有非接触智能卡技术兼容，已经成为了越来越多主要厂商（尤其是移动终端厂商）支持的正式标准。从应用方向看，NFC更多的是针对消费类电子设备相互通信，有源RFID则更擅长在长距离识别。

2. 与蓝牙相比，NFC技术特点

（1）两者都是短程通信技术，都被集成到移动电话，NFC不需要复杂的设置程序，NFC也可以称为蓝牙简化连接通信。

（2）NFC设置程序较短，两台NFC设备相互连接的设备识别过程不大于0.1s。

（3）NFC无法达到低功率蓝牙（bluetooth low energy）的速度。NFC最大数据传输速率为424kbit/s，远小于蓝牙的传输速率2.1Mbit/s。

（4）NFC抗干扰能力强，在传输速度与距离上不如蓝牙（小于20cm），但特别适用于设备密集、干扰较大、传输困难的电子设备中。

（5）NFC的能量需求更低，与蓝牙V4.0低能协议类似。

NFC技术支持多种应用，包括移动支付与交易、对等式通信及移动中信息访问等，通过NFC手机，人们可以在任何地点、任何时间，通过任何设备，与他们希望得到的娱乐服务与交易联系在一起，从而完成付款、获取海报信息等。

NFC设备可以用作非接触式智能卡、智能卡的读写器终端以及设备对设备的数据传输链路，NFC技术要有付款和购票、电子票证、智能媒体、交换传输数据四个基本类型的应用。

2012年年底，美国高通公司子公司高通创锐讯推出一款新型超低功率近场通信产品解决方案。通过这一解决方案，移动设备可以实现无接触通信和数据交换，包括下一代移动支付。QCA1990是业内最小的超低功率系统级芯片，其整体体积要比当前市场上提供的NFC芯片小50%。在与高通创锐讯WCN 3680单流双频802.11ac WiFi/Bluetooth 4.0/FM芯片配套使用时，QCA1990 可以在移动通信、计算机和消费电子市场中实现无缝用户体验。

2013 年，湖南省科学技术厅在长沙组织了"基于移动支付的电能管理系统及安全支付关键技术的研发与应用"项目科技成果鉴定会，项目研发设计的智能计量双向信息交互的系统，将物联网中的 NFC 和移动支付引入到电力系统智能计量系统中，该系统包括 NFC 智能电能表、NFC 智能手机、Internet 网络以及电网企业后台系统、银行系统共同组成的基于物联网技术的智能计量双向信息交互的系统，支持用户使用手机 3G 上网交费、支持户内 NFC 射频技术对仪表充值。

随着互联网的普及，手机作为互联网最直接的智能终端，如同以前蓝牙、USB、GPS 等标配，现在 NFC 已成为日后手机重要的标配，通过 NFC 技术，可实现手机支付、看电影、坐地铁等，并在我们的日常生活中发挥更大的作用。NFC 在电能计量设备的管理上也会得到广泛应用。

5.3.7 技术对比

户内无线通信技术在传输速度、距离、耗电量等通信参数均有所不同，有的无线通信技术着眼于功能扩充，有的则是符合某些单一的应用需求，而有的则是建立竞争技术需求，各有其立足的技术特点。

（1）WiFi 在数据安全性方面比蓝牙要差一些，但在电波的覆盖范围方面却略胜一筹，可达 100m 左右。

（2）蓝牙多用于手机端通信，无线自组网能力是它的突出特点，但由于功耗相对较大，一直未能直接应用于集抄系统。国内使用的蓝牙网络基本上工作在频段 2.4GHz，穿透能力较差，其网络稳定性还需进一步加强。蓝牙技术最大的使用障碍在于传输范围受限，一般有效的范围在 10m 左右，抗干扰能力不强、信息安全等问题也是制约其进一步发展和大规模应用的主要因素。

（3）红外线是基于视距传输，两个相互通信的设备之间必须对准，而且中间不能被其他物体阻隔，因而该技术只能用于两台（非多台）设备之间的连接。随着科学的进步，红外线已经逐渐在退出市场，逐渐被 USB 连线和蓝牙所取代，红外线发明之初的短距离无线连接目的已经不如直接使用 USB 线和蓝牙方便，所以，市场上带有红外线收发装置的机器会逐步退出人们的视线。

（4）ZigBee 的有效范围小，一般情况下有效覆盖范围在 10～75m，具体依据实际发射功率的大小和各种不同的应用模式而定，但是基本上能够覆盖普通的家庭或办公室环境。

以上四种主流户内无线通信技术参数对比如表 5-3 所示。

表 5-3　　　　　　　　　　主流户内无线通信技术参数对比

通信技术	成本	功耗	传输速率	传输距离	网络节点	数据安全
WiFi	高	高	11～108Mbit/s	100m	32	多种加密方法
蓝牙	较高	高	1Mbit/s	10m	7	AES 加密认证
红外	低	低	115.2～16Mbit/s	几十厘米	2	未加密
ZigBee	低	超低	250kbit/s	10～75m	65535	AES 加密算法

在低压集抄系统中，针对不同的应用业务需求，可选用其中某种通信技术，实现户内交互业务、能源监测业务等功能。

5.4 户内有线通信技术

在智能家居领域，因诸多家电设备都是可以随意移动，有线通信技术在智能家居应用种类较少，有线通信技术仅适用于固定安装的、需远程监测的节点。本节重点介绍有源 RS 485 和 M-Bus 两种常用的户内有线通信技术。

5.4.1 有源 RS 485

RS 485 总线由于使用简单和稳定可靠，而被广泛应用。不同于低压集抄系统户外应用采用的无源 RS 485 通信（两线制），智能家居应用 RS 485 以有源方式（四线制）为主，主要用于接入一些无源的传感器、智能水表、智能燃气表等设备，用于实现远程数据采集和控制。

有源 RS 485 是在无源 RS 485 基础上，增加两根线缆（VCC、GND），从而可以给无源设备提供一定限度的电能，VCC 直流电源一般为＋12V、＋5V 等多种电压等级。

有源 RS 485 的通信应用与无源 RS 485 的使用方法一样，仅工程施工时，有源 RS 486 需注意接入 VCC 和 GND 线缆。

5.4.2 M-Bus

M-Bus 是一种遵循 EN 13757《热量表通讯标准》的两线制的数据通信总线，专门为消耗类测量仪器和计数器等设备传送信息而设计的，信息传送量是专门满足其应用而限定好的，具有使用价格低廉的电缆而能够长距离传送的特点，M-Bus 总线通信在自动抄表领域正在被越来越广泛地采用，尤其在智能水表中应用广泛。M-Bus 总线通信各层遵循技术标准如表 5-4 所示。

表 5-4   M-Bus 总线通信各层遵循技术标准

通信分层模型	功能	技术标准
管理层	设定波特率、地址等	—
应用层	定义数据类型、数据结构	EN1434-3
网络层	扩展寻址（可选）	
数据链路层	传输参数、保温格式、寻址、检查数据完整性	IEC870
物理层	总线连接，包括拓扑结构和电器规范	M-BUS

M-Bus 总线标准的提出满足了公用事业仪表的组网和远程抄表的需要，同时它还可以满足远程供电或电池供电系统的特殊要求。M-Bus 串行通信方式的总线型拓扑结构非常满足适公用事业仪表的可靠和低成本的组网要求，可以在几千米的距离上连接几百个从设备。

M-Bus 是一种主从式半双工总线通信系统，通信过程须由主机控制。作为专门为集抄系统量身定制的总线标准，M-Bus 有很多较为突出的特点：

（1）M-Bus 的信息传送量是专门为满足其应用而限定好的。它具有使用价格低廉的电缆而能够长距离传送的特点，总线通信距离长达几千米。M-Bus 对每个询问的反应时间为 0.1～0.5s，这对于它要完成的任务来说是足够的。

（2）M-Bus 用于传送计数器读数是最安全和价廉的，它能够适应电网电压起伏不定的波动，这已经在实际应用上得到证实。

（3）总线采用普通的两芯导线，组网方便，楼宇内的计量表可以直接并联到一根双绞线上实现组网。

（4）得益于从机收发芯片的巧妙设计，定义总线正负极可以互换，降低了施工成本，简单易用。

（5）总线给从机供电，从机可以按需求设计是否用电池供电。

（6）总线通信方式为异步通信，传输可靠性高。

（7）系统安装不需要大量人力物力，而且占用楼宇内空间极小。

5.5 户内信息交互系统设备

户内信息交互技术为电网企业和电力用户之间的交互提供友好、可视的交互平台，户内信息交互系统包含户内交互终端、户内显示终端和附属终端（根据应用场景不同进行选配），户内交互终端采用电力线载波通信与附属终端、采集终端（采集器或集中器）、智能电能表进行数据通信，户内显示终端通过 WiFi 连接至户内交互终端，实现电力用户户内的信息互动与信息交互功能。

5.5.1 户内交互终端

某项目设计的户内交互终端采用高性能单片机硬件平台，结合当前窄带电力线载波通信技术、WiFi 通信技术、M-Bus 通信技术研制而成。该终端体积小、操作简单、维护方便，采用电力线载波通信与电能表进行数据通信，采用 WiFi 与显示终端进行数据通信，采用 M-Bus 与水表、燃气表进行数据通信，既可以实现电、水、气表数据采集，又可以与附属终端进行配对使用，实现更多工程应用。某户内交互终端技术指标如表 5-5 所示。

表 5-5 某户内交互终端技术指标

项目	技术指标
电源	工作电压范围：交流 110～265V 工作频率范围：50～60Hz
上行通信接口	电力线载波通信，支持通信模块更换
本地端口	1 路 M-Bus、1 路 WiFi
面板指示	电源指示灯、状态指示灯
工作环境	正常工作温度：−40～+70℃ 相对湿度：10%～95%无凝露 大气压力：63.0～108.0kPa
整机功耗	在传输状态下视在功率不大于 3.5VA，有功功率不大于 1.5W

5.5.2 户内显示终端

户内显示终端可提供基于互联网的信息服务和查询，用户通过软件或者通过短信方式，让显示终端对用户设备进行远程控制，实现用户设备的远程监控，提供家庭安全、经济用电。

某项目设计的户内显示终端按照居民用户群体不同，分为升级版、标配版两款不同产品。其中，户内显示终端升级版技术参数指标（以银联认证系统为例）如表 5-6 所示，户内显示终端标配版技术参数指标（以普通平板电脑系统为例）如表 5-7 所示。某户内显示终端外形如图 5-2 所示。

表 5-6	某户内显示终端升级版技术参数指标
项目	技术指标
处理器	MSM8612 1.2GHz
操作系统	Android 4.3
RAM	1GB
显示屏	5 英寸 TFT-LCD（720×1280）彩色触摸屏
通信端口	支持 802.11a/b/g/n WiFi 无线
	支持 Bluetooth 4.0
	支持 3G/4G 制式： WCDMA：850/900/1900/2100MHz EVDO：800/1900MHz GSM/EDGE：850/900/1800/1900MHz
	支持 13.56MHz，支持 ISO 1443A/B 协议和 ISO 15693 协议，支持 AGPS
摄像头	500 万像素，自动对焦摄像头
打印机	热敏打印机，纸宽 58mm，打印纸直径 30mm
按键	正面键盘，一共 4 个键：1 个自定义键，1 个"取消"键，1 个"确认"键，1 个"清除"键； 侧面按键，一共 6 个键：左边 PTT 键，扫描键和音量加、减，右边扫描、开关机
电源	直流 7.4V，2800mAh
外形尺寸	184＊81＊32（握手）＊51.5（打印机）
工作温度	−20～＋50℃
安全规范	符合 UL60950、CSA C22.2、No. 6050、EN60950/IEC950

表 5-7	某户内显示终端标配版技术参数指标
项目	技术指标
处理器	至少 1.2GHz 四核
操作系统	Android 4.3 或以上版本
RAM	至少 1GB
显示屏	7 英寸 TFT-LCD（1024＊768）彩色触摸屏
通信端口	支持 802.11a/b/g/n WiFi 无线
	支持 Bluetooth 4.0
	支持 3G/4G 制式： WCDMA：850/900/1900/2100MHz GSM/EDGE：850/900/1800/1900MHz
摄像头	500 万像素，自动对焦摄像头
按键	开关机、音量键
电源	直流 7.4V，2800mAh
工作温度	−25～＋50℃

5.5.3 电力双向互动客户端

电力双向互动客户端是一款安卓（Android）智能手机嵌入式操作软件，安装在户内显示终端设备或用户智能手机（安卓操作系统）内，用来实现电力双向互动功能。

电力双向互动客户端使用前需要先设置参数，设置参数界面如图 5-3 所示，如果是第一次设置参数，界面显示系统默认参数。如果不是第一次设置，则显示上次设置的参数。输入参数并保存数据，失败则重新设置。

图 5-2　某户内显示终端外形图（银联认证）

在设置好参数后，即可使用客户端读取电量信息，首先启动客户端，选择"我的电表"，进入如图 5-4 所示界面，点击"抄表"，系统自动获取通信参数并显示数据。

图 5-3　参数设置界面

图 5-4　数据显示界面

5.6　多表集抄

5.6.1　政策背景

2015 年，国务院印发《关于积极推进"互联网＋"行动的指导意见》，其中将"互联网＋智慧能源"专门列项，开启了互联网＋智慧能源的建设，统筹部署电网和通信网深度融合的网络基础设施，共建共享，鼓励依托智能电网发展家庭能效管理等新型业务。为了进一步推动"互联网＋"智慧能源的发展，促进共享复用能源数据平台的建设，2016 年，国家发展改革委、国家能源局、工业和信息化主管部门等联合发文《关于推进"互联网＋"智慧能源发展的指导意见》（发改能源〔2016〕392 号），明确提出"丰富智能终端高级量测系统的实施功能，促进水、气、热、电的远程自动集采集抄，实现多表合一"，旨在推动能源与信息通信基础设施深度融合，促进智能终端及接入设施的普及应用，发展能源互联网的智能终端高级量测系统及其配套设备，实现电能、热力、制冷等能源消费的实时计量、信息交互与主动控制；丰富智能终端高级量测系统的实施功能，促进水、气、热、电的远程自动集采集抄，实现多表集抄；规范智能终端高级量测系统的组网结构与信息接口，实现和用户之间安全、可靠、快速的双向通信。

2016 年，国家质检总局印发了《关于贯彻落实计量发展规划 2016 年行动计划的通知》，强调"在民用生活的水电气热能源计量领域，大力推进智能计量器具应用，支持'互联网＋'智慧能源计量发展"。多表集抄是"互联网＋"智慧能源计量的集中体现，国家电网公司在经营区域内有 5 个省级、61 个地市级、189 个县级政府相关部门出台政策支持多表集抄信息采集建设，发布《电、水、气、热能源计量管理系统》系列标准和相关支持文件约 250 份。

国家大力推进"互联网＋"智慧能源的建设，有利于进一步提高电网接纳和优化配置多种能源的能力，实现能源生产和消费的综合调配；有利于推动清洁能源、分布式能源的科学利用，从而全面构建安全、高效、清洁的现代能源保障体系；有利于支撑新型工业化和新型城镇化建设，提高民生服务水平，有利于带动上下游产业转型升级，实现我国能源科技和装备水平的全面提升。同时，"互联网＋"智慧能源的建设兼顾完善煤、电、油、气领域信息资源共享机制，支持水、气、热、电集采集抄，建设跨行业能源运行动态数据集成平台，鼓励能源与信息基础设施共享复用。

5.6.2　典型技术方案

2015 年，国家电网公司为促进"智慧城市"发展，综合利用社会公共资源，依托用电信息采集系统，并在采集终端、通信信道、系统主站、数据结构和通信协议等方面，研究形成了统一的技术方案和标准化设计，将智能水表、智能燃气表、智能热力表融为一体进行集中抄表，建立一套电、水、气、热收费缴费、信息发布与查询平台，一种采用通信接口转换器的四表合一典型技术方案如图 5-5 所示。

该典型技术方案中，智能水表、智能电能表、智能燃气表、智能热量表通过通信接口转换器与集中器通信，其中，智能水表通过 M-Bus 或微功率无线与集中器通信，智能燃气表通过微功率无线与集中器通信，智能热量表通过 M-Bus 与集中器通信。集中器和通信接口转换器有如下技术要求：

（1）集中器。集中器应满足 Q/GDW 1376.1《电力用户用电信息采集系统通信协议第 1 部分：主站与采集终端通信协议》，上行通过 4G/3G/GPRS/WCDMA、以太网或电力光纤与系统主站进行通信，下行通过微功率无线、电力线载波或 RS 485 与通信接口转换器进行通信，并能识别通信接口转换器的地址。

（2）通信接口转换器。通信接口转换器上行通信采用微功率无线、电力线载波或 RS 485 等多种通信方式，支持系统主站召测实时数据，其存储的数量满足台区用户数需求。下行通过 M-Bus、微功率无线或 RS 485 与智能水表、智能热量表、智能燃气表进行通信，并能提供供电电源，具有智能水表、智能热量表、智能燃气表的数据日/月冻结和数据存储功能。

采用通信接口转换器的四表合一典型技术方案特点如下：

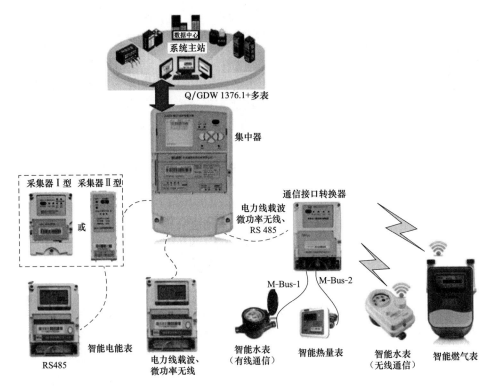

图 5-5　四表合一的典型技术方案

（1）可接入行业内主流电、水、气、热智能仪表。

（2）可屏蔽水、气、热仪表在通信协议、接口方式、型式规范等多个方面的差异性。

（3）最大限度地减少电、水、气、热仪表故障点的相互影响范围。

（4）支持多种通信方式，可适应各种复杂安装环境。

（5）人性化便民服务，电、水、气、热缴费及申报一体化管理。

5.6.3　发展趋势

国内电网企业为进一步解决"互联网＋"智慧能源计量"最后一公里"的通信问题，依托智能电能表应用和电力集抄系统覆盖广泛的采集终端和通信信道，加快推进供电、供水、供气、供热的多表集抄采集和通信建设的应用工作。多表集抄可共享资源、节约投资，充分发挥用电网企业计量自动化系统（或用电信息采集系统）强大功能；对于水务、燃气、热力企业而言，看中的是计量自动化系统（或用电信息采集系统）运行可靠、覆盖广泛、兼容性强、技术成熟的特点，以及完善的标准体系优势和在降损增收、节约管理和人力成本等方面发挥的显著效益。

统一的技术标准是多表集抄信息采集建设的重要基础，然而，多表集抄信息采集牵涉电、水、气、热不同的公用事业行业，将彼此独立的抄表工作汇总在一起，无论从技术层面还是沟通层面，其难度可想而知。为此，住建部组织修订了 JG/T 162《住宅远传抄表系统》标准，中国电力企业联合会组织电网企业、供水、供气、供热企业及电能表厂商，共同讨论《电、水、热、气能源计量管理系统》团体标准编制工作。

据国内电网企业相关数据显示，截至 2016 年年底，约 20 多个智能电能表企业中标多表集抄信息采集工程，国家电网公司的多表集抄信息采集已累计接入 160 多万户。国家电网公司"十三五"规划显示，多表集抄信息采集推广应用到"十三五"末期预计将达到 3000 万户，"互联网＋"智慧能源计量呈现星火燎原之势。

2017 年，由中国电科院承担的"'互联网＋计量'电能计量技术在民用四表领域的应用研究"项目通过国家质检总局计量司组织的验收。项目梳理了电、水、气、热民用四表的应用现状及存在的问题，研究了智能表计、通信信道、一体化采集等关键技术，深入探索了能源计量一体化采集的商业运营模式，并设计了能源计量一体化采集平台的构建方案。

第6章

通信性能测试及功能测试技术

　　高速、可靠、实时、双向及集成的通信网络是低压集抄系统建设的基础，在系统终端设备投入运行之前，对其进行通信测试，评估终端设备性能，将极大地提高系统的可靠性，减小终端设备现场安装、调试和运维的工作难度。

　　低压集抄系统中应用的通信技术多种多样，许多通信技术在通信行业已标准化，且在行业内已经有相对完善的测试技术和方法，如无线移动公网 GPRS 通信技术遵循 YD/T 1214《900/1800MHz TDMA 数字蜂窝移动通信网通用分组无线业务（GPRS）设备技术要求：移动台》，光纤通信遵循 YD/T 1475《接入网技术要求——基于以太网方式的无源光网络（EPON）》，因此本章不再对该部分内容进行介绍。但是，低压集抄系统中也有许多通信技术暂无行业技术标准或属于电力通信领域特有的通信技术，如电力线载波通信技术、微功率无线通信等。因此，本章将着重介绍电力线载波通信、微功率无线通信的通信性能测试及终端设备的功能测试。

6.1　通　信　性　能　测　试

6.1.1　测试环境

　　在每一项目的测试期间，气候条件应相对稳定，除非另有规定，各项测试建议均在以下气候条件下进行：

　　（1）温度：+15～+35℃。

　　（2）相对湿度：25%～75%。

　　（3）大气压力：86～108kPa。

6.1.2　载波通信设备性能测试

　　电力线载波通信技术在低压集抄系统中运用广泛。低压集抄系统的终端设备主要有载波电能表、集中器、采集器，这些设备的结构设计普遍采用设备与载波通信模块独立设计，载波通信模块可以单独插拔和更换，同一设备可以分别配置不同厂家的载波通信模块，同一厂家的载波通信模块亦可配置在不同厂家的设备上使用。载波终端设备的通信性能在一定程度上与设备有关，但主要取决于载波通信模块。在选用载波终端设备之前对其通信性能进行测试，能够提高设备安装后的通信质量。

　　目前针对载波终端设备的通信性能测试尚无国家标准或规范。本部分的测试主要依据国内外相关标准及规范的内容、载波设备通信性能特点及对载波通信测试的一些研究和分析来进行。

　　测试主要参照的标准及规范有：IEC 61000-3-8《电磁兼容性（EMC）第 3 部分：限值

第 8 节：低压电气设备的信号传输——输出电平、频段和电磁干扰电平》；FCC Part15《电信——第 15 部分：射频设备》；EN50065 系列标准《3kHz 至 148.5kHz 频率范围低压电力力装置上的信号传输　第 1 部分：一般要求　频率范围和电磁骚扰》；DL/T 698.31《电能信息采集与管理系统　第 3-1 部分：电能信息采集终端技术规范——通用要求》；DL/T 790.31《采用配电线载波的配电自动化　第 3 部分：配电线载波信号传输要求　第 1 篇：频带和输出电平》；GB/T 6113.102《无线电骚扰和抗扰度测量设备和测量方法规范　第 1-2 部分：无线电骚扰和抗扰度测量设备　辅助设备　传导骚扰》；GB/T 6113.201《无线电骚扰和抗扰度测量设备和测量方法规范　第 2-1 部分：无线电骚扰和抗扰度测量方法　传导骚扰测量》；Q/GDW 1379.4《电力用户用电信息采集系统技术规范　第四部分：通信单元技术规范》。

6.1.2.1　测试装置

测试装置包括电源、噪声信号发生器、可调载波衰减器、频谱分析仪和示波器等。

（1）测试电源。测试电源分为隔变电源、三相精密电源、V 形人工网络电源三类。

1）隔变电源技术参数。隔变电源内含载波信号隔离衰减器。

a. 电压：交流 220V、3×220/380V（可调范围±15%）。

b. 频率：50Hz（可调范围±5%）。

c. 电流：3×（5～100）A，电压、电流波形失真度不超过 0.5%。

2）三相精密电源技术参数。三相精密电源可提供大功率、可靠的稳定电源。

a. 电压：交流 220V、3×220/380V（可调范围 0～120%）；

b. 频率：50Hz（可调范围±5.0Hz）；

c. 电流：3×（5～100）A，电压、电流波形失真度不超过 0.5%。

3）V 形人工电源网络。V 形人工电源网络符合阻抗模值及其允许误差范围，内涵 50μH 或 5μH 电感元器件，V 形人工电源网络参考仪器如图 6-1 所示。

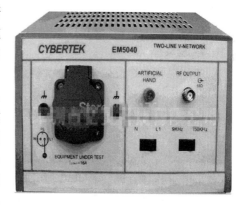

EM5040 是一种典型 V 形人工电源网络仪器，是 EMI 测量的专用设备，在射频范围内为被测试设备端子和参考地之间提供稳定的阻抗，与此同时又将来自电网的无用信号与测量电路隔离开，仅将被测试设备的干扰电压耦合到测量接收机的输入端，该设备的性能符合 GB/T 6113.102 要求，仪器有供电电源输入端、到被测设备的电源输出端和连接测量设备的骚扰输出端三个端口。

图 6-1　V 形人工电源网络参考仪器

（2）噪声信号发生器。信号发生器按其信号波形分为正弦信号发生器、函数（波形）信号发生器、脉冲信号发生器、随机信号发生器四大类。

本测试需要采用的是函数（波形）信号发生器，可参考仪器类型为 Agilent 33220A。函数（波形）信号发生器能产生某些特定的周期性时间函数波形（正弦波、方波、三角波、锯齿波和脉冲波等）信号，频率范围可从几个微赫兹到几十兆赫兹。

（3）可调载波衰减器。可调载波衰减器利用耦合器将载波信号从电源中分离后再进行衰减处理，采用可调载波衰减器可实现程控衰减，具有控制方便、软件编制灵活的优势。

建议使用仪器可测范围：衰减频率 5～500kHz，衰减幅度－70～0dB 可调，可参考仪器型号为 Agilent 8495B。

（4）频谱分析仪。频谱分析仪的主要功能是在频域里显示输入信号的频谱特性，按信号处理方式的不同一般分为即时频谱分析仪与扫描调谐频谱分析仪两种类型。

在本测试系统中频谱分析仪的作用是在测试过程中实时采集载波信号的频谱，分析各个厂家设备的载波性能，以得到准确的信号数据，可参考仪器型号为 MS2830A 频谱分析仪，频谱分析仪参考仪器如图 6-2 所示。

图 6-2　频谱分析仪参考仪器

MS2830A 频谱分析仪具有电平校准技术，支持动态范围宽（平均噪声级［DANL］：－153dBm，三阶交调失真［TOI］：＋15dBm）、支持±0.3dB（典型值）电平精度，支持可选的矢量信号发生器（VSG），且可用作部件 T_x 特征测试的参考信号源或用作 R_x 特征测试的信号源。

（5）示波器。推荐使用高端示波器，频率范围 DC～200MHz，双通道，可参考仪器型号为 Agilent DS07014B。

6.1.2.2　测试方法

对低压集抄载波通信设备的通信性能进行测试，测试的内容主要是实际应用方面的参数，包含载波通信模块在内的载波通信设备的整体测试。

1. 载波信号频带和频率漂移测试

主要检测载波通信设备的最大输出信号频带和频率漂移是否满足相关技术规范的要求。测试方法如下：

（1）被测设备为集中器时，按图 6-3 顺序接好设备，调节可调衰减器，用被测集中器抄读载波电能表，记录频谱分析仪上的频率信息。

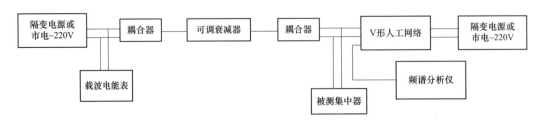

图 6-3　集中器模块频率漂移测试框图

（2）被测设备为采集器时，按图 6-4 顺序接好设备，调节可调衰减器，用抄控器/集中器抄读被测采集器，记录频谱分析仪上的频率信息。

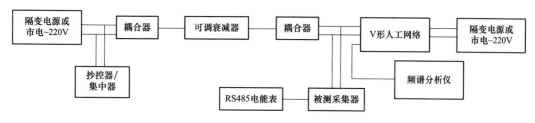

图 6-4　采集器模块频率漂移测试框图

（3）被测设备为载波电能表时，按图 6-5 顺序接好设备，调节可调衰减器，用抄控器/集中器抄读被测载波电能表，记录频谱分析仪上的频率信息。

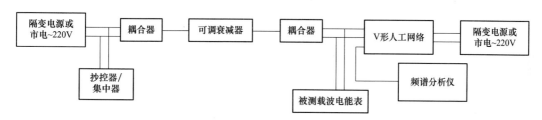

图 6-5　载波电能表模块频率漂移测试框图

按上述方法，连续记录 N 组（N 可设置）频谱分析仪的测试数据，得到的平均值应满足：载波设备最大输出信号的基波频带和发射频率偏移均不大于预期数值。

2. 载波设备带外骚扰电平测试

检测被测载波设备带外骚扰电平是否满足相关技术规范的要求。测试方法如下：

（1）使被测设备处于连续发送状态，用频谱仪在载频频带内找出输出电平最高点，此时的电平值记作 V_1。在载频频带外找出输出电平最高点，此时的电平值记作 V_2，V_1 和 V_2 的值应符合相关要求。

（2）被测设备为集中器时，按图 6-3 顺序接好设备，调节可调衰减器，用被测集中器抄读载波电能表，记录频谱分析仪上的 V_2 的最大电平及频率信息。

（3）被测设备为采集器时，按图 6-4 顺序接好设备，调节可调衰减器，用抄控器/集中器抄读被测采集器，记录频谱分析仪上的 V_2 的最大电平及频率信息。

（4）被测设备为载波电能表时，按图 6-5 顺序接好设备，调节可调衰减器，用抄控器/集中器抄读被测载波电能表，记录频谱分析仪上的 V_2 的最大电平及频率信息。

按上述方法，选取各个频率范围的频率段，连续记录 N 组（N 可设置）频谱仪的测试数据，得到的骚扰电平限值（准峰值）应在预期数值范围内。

3. 最大输出信号电平测试

检测载波通信设备的最大输出信号电平是否满足相关技术规范的要求。测试方法如下：

（1）被测设备为集中器时，按图 6-3 顺序接好设备，调节可调衰减器，用被测集中器抄读载波电能表，记录频谱分析仪上的最大输出信号电平及其频率信息。

（2）被测设备为采集器时，按图 6-4 顺序接好设备，调节可调衰减器，用抄控器/集中器抄读被测采集器，记录频谱分析仪上的最大输出信号电平及其频率信息。

（3）被测设备为载波电能表时，按图 6-5 顺序接好设备，调节可调衰减器调，用抄控器/集中器抄读被测载波电能表，记录频谱分析仪上的最大输出信号电平及其频率信息。

按上述方法，根据需要连续记录 N 组（N 可设置）频谱仪的测试数据，最大输出信号电平平均值应满足在预期数值范围内。

4. 接收灵敏度测试

检测载波通信设备的接收灵敏度是否满足相关技术规范的要求。测试方法如下：

（1）被测设备为集中器时，按图 6-6 顺序接好设备，用被测集中器抄读载波电能表。尽可能调高可调衰减器衰减值，以提高抄读成功率，记录频谱分析仪上的电平信息，单位为 $dB\mu V$。

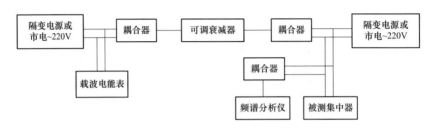

图 6-6　集中器接收灵敏度测试框图

（2）被测设备为采集器时，按图 6-7 顺序接好设备，用抄控器抄读被测采集器。尽可能调高可调衰减器衰减值，以提高抄读成功率，记录频谱分析仪上的电平信息，单位为 $dB\mu V$。

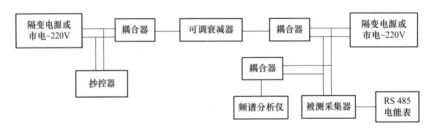

图 6-7　采集器接收灵敏度测试框图

（3）被测设备为载波电能表时，按图 6-8 顺序接好设备，用抄控器抄读被测载波电能表。尽可能调高可调衰减器衰减值，以提高抄读成功率，记录频谱分析仪上的电平信息，单位为 $dB\mu V$。

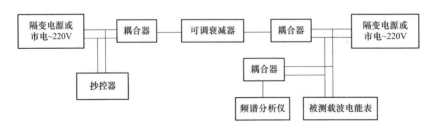

图 6-8　载波电能表接收灵敏度测试框图

按上述方法，连续记录 N 组（N 可设置）频谱仪的测试数据，去掉其中最小的两组测试数据，余下测试数据的平均值（接收灵敏度）应小于预期值。

5. 抗噪声干扰能力测试

检验载波通信设备的抗噪声干扰能力是否满足相关技术规范的要求。测试方法如下：

（1）被测设备为集中器时，按图 6-9 顺序接好设备，调节可调衰减器调，用被测集中器抄读载波电能表，尽可能调高噪声信号发生器输出值，以提高抄读成功率，记录此时示波器上的噪声电压有效值以及待测设备接收到辅助测试设备发送过来的信号电压有效值。

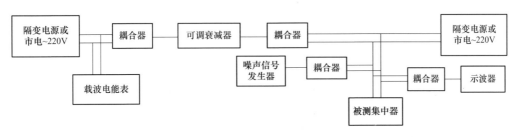

图 6-9　集中器抗噪声干扰测试框图

（2）被测设备为采集器时，按图 6-10 顺序接好设备，调节可调衰减器调，用抄控器抄读被测采集器，尽可能调高噪声信号发生器输出值，以提高抄读成功率，记录此时示波器上的噪声电压有效值以及待测设备接收到辅助测试设备发送过来的信号电压有效值。

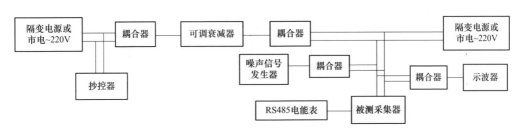

图 6-10　采集器抗噪声干扰测试框图

（3）被测设备为载波电能表时，按图 6-11 顺序接好设备，调节可调衰减器调，用抄控器抄读被测载波电能表，尽可能调高噪声信号发生器输出值，以提高抄读成功率，记录此时示波器上的噪声电压有效值以及待测设备接收到辅助测试设备发送过来的信号电压有效值。

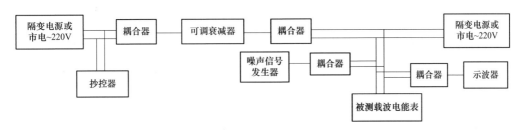

图 6-11　载波电能表抗噪声干扰测试框图

按上述方法，连续记录 N 组（N 可设置）示波器的测试数据，根据所测信号电压和噪声电压数据的平均值计算出信噪比（SNR），应满足信噪比（SNR）小于预期值。

6. 抗电源变化影响能力测试

抗电源变化影响能力测试包含单相、三相两种测试。

(1) 单相测试。检验载波通信设备的抗单相电源变化影响能力是否满足相关技术规范的要求。测试方法如下：

1) 被测设备为集中器时，按图 6-12 顺序接好设备，用被测集中器连续抄读载波电能表，同时调整三相精密电源，记录不同电压下相应的通信成功率及集中器发送端的电平变化。

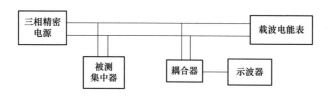

图 6-12　集中器抗电源变化影响能力测试框图

2) 被测设备为采集器时，按图 6-13 顺序接好设备，用抄控器连续抄读被测采集器，同时调整三相精密电源，记录不同电压下相应的通信成功率及采集器发送端的电平变化。

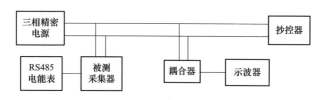

图 6-13　采集器抗电源变化影响能力测试框图

3) 被测设备为载波电能表时，按图 6-14 顺序接好设备，用抄控器连续抄读被测载波电能表，同时调整三相精密电源，记录不同电压下相应的通信成功率及载波电能表发送端的电平变化。

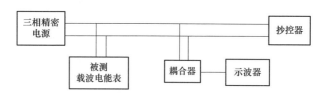

图 6-14　载波电能表抗电源变化影响能力测试框图

4) 电源电压变化到预计范围内的任意值时，被测设备应能正常工作，功能和性能满足相关要求，连续抄读 N 次（N 可设置）的通信成功率应达到预期值，并且内部存储数据无异常。

若电源电压在某个值时，载波通信设备的通信成功率低于预期值，则在此电压值处补抄 M 次（M 可设置），通信成功率不低于预期值，并且内部存储数据无异常。

(2) 三相测试。检验载波通信设备的抗三相电源变化影响能力是否满足相关技术规范的要求。测试方法如下：

对于三相载波通信设备，在交流电源出现断相故障时（三相三线供电时断一相电压，三相四线供电时断两相电压），电源剩余的一相电压降为某预定值时，此三相载波通信设备应能正常工作。

按上述方法，测试时三相载波通信设备应正常工作，抄读次数不少于 N 次（N 可设置），通信成功率达到预期值，并且内部存储数据无异常。

7. 通信成功率测试

通信成功率测试包含常温、高低温、极限温差、湿热等各种情况下的通信成功率，通过测试判断是否满足相关技术规范的要求。

（1）常温环境下通信成功率测试。检测载波通信设备在常温下的通信成功率是否满足相关技术规范的要求。测试方法如下：

1）被测设备为集中器时，按图 6-15 顺序接好设备，调节可调衰减器，用被测集中器连续抄读载波电能表 N 次（N 可设置），记录抄读情况。

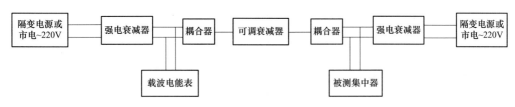

图 6-15　集中器常温下通信成功率测试框图

2）被测设备为采集器时，按图 6-16 顺序接好设备，调节可调衰减器调，用抄控器连续抄读被测采集器 N 次（N 可设置），记录抄读情况。

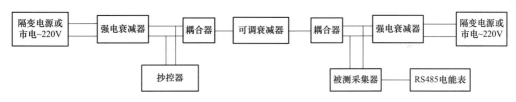

图 6-16　采集器常温下通信成功率测试框图

3）被测设备为载波电能表时，按图 6-17 顺序接好设备，调节可调衰减器调，用抄控器连续抄读被测载波电能表 N 次（N 可设置），记录抄读情况。

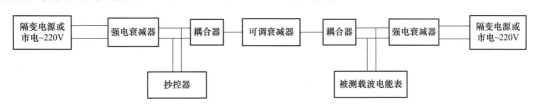

图 6-17　载波电能表常温下通信成功率测试框图

（2）高、低温环境下通信成功率测试。检验载波通信设备在高、低温环境下的通信成功率。测试方法如下：

1）被测设备为集中器时，按图 6-18 顺序接好设备（虚线框表示测试箱），再把恒温箱的温度升到预计最高值（低温测试时温度降至预计最低值），待温度稳定后，用被测集中器连续抄读载波电能表，抄读次数不少于 N 次（N 可设置），统计载波通信成功率。

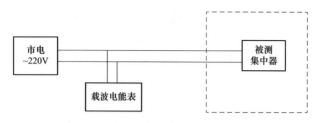

图 6-18 集中器高、低温下通信成功率测试框图

2）被测设备为采集器时，按图 6-19 顺序接好设备（虚线框表示测试箱），再把恒温箱的温度升到预计最高值（低温测试时温度降至预计最低值），待温度稳定后，用抄控器连续抄读被测采集器，抄读次数不少于 N 次（N 可设置），统计载波通信成功率。

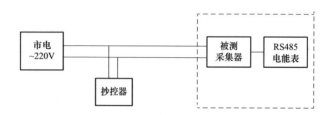

图 6-19 采集器高、低温下通信成功率测试框图

3）被测设备为载波电能表时，按图 6-20 顺序接好设备（虚线框表示测试箱），再把恒温箱的温度升到预计最高值（低温测试时温度降至预计最低值），待温度稳定后，用操控器连续抄读被测载波电能表，抄读次数不少于 N 次（N 可设置），统计载波通信成功率。

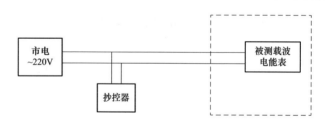

图 6-20 载波电能表高、低温下通信成功率测试框图

在实验环境下，载波通信成功率不低于预期值，且抄读数实时数据准确。

（3）极限温差环境下通信成功率测试。检验载波通信设备在最大温差环境下的通信成功率。测试方法如下：

被测设备为集中器（或载波电能表/采集器），按图 6-21 顺序（采集器按图 6-22）接好设备（虚线框表示恒温测试箱），将集中器（或载波电能表/采集器）放入不同的测试箱中，再把恒温箱的温度升到预计最高值，再把恒温箱的温度降至预计最低值，待温度稳定后，用被测集中器连续抄读被测载波电能表，抄读次数不少于 N 次（N 可设置），统计载波通信成功率。

在实验环境下，载波通信成功率不低于预期值，且抄读数实时数据准确。

（4）湿热环境下通信成功率测试。检验载波通信设备对湿热环境的适应性。测试方法如下：

1）被测设备为集中器时，按图 6-18 顺序接好设备，测试箱的温度调整到预期值，相对

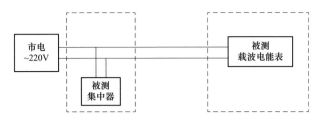

图 6-21　集中器和载波电能表极限温差通信成功率测试框图

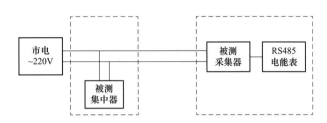

图 6-22　集中器和采集器极限温差通信成功率测试框图

湿度调整到预期值，待测试箱中环境稳定后，用被测集中器连续抄读载波电能表，抄收次数不少于 N 次（N 可设置），统计载波通信成功率。

2）被测设备为采集器时，按图 6-19 顺序接好设备，测试箱的温度调整到预期值，相对湿度调整到预期值，待测试箱中环境稳定后，用抄控器连续抄读被测采集器，抄收次数不少于 N 次（N 可设置），统计载波通信成功率。

3）被测设备为载波电能表时，按图 6-20 顺序接好设备，测试箱的温度调整到预期值，相对湿度调整到预期值，待测试箱中环境稳定后，用操控器连续抄读被测载波电能表，抄收次数不少于 N 次（N 可设置），统计载波通信成功率。

在实验环境下，载波通信成功率不低于预期值且抄读数实时数据准确。

6.1.2.3　测试示例

以单相载波智能电能表的通信模块接收性能测试为例，具体操作步骤如下：

（1）进入主界面后点击"载波项目"—"电源管理"—"A 相"，此操作目的是让 A 相电输入进来，测试载波信号在 A 相发射性能，测试完毕后，可以手动切换到 B/C 相，综合测试系统界面如图 6-23 所示。

（2）点击"接收性能"—"测试"，界面如图 6-24 所示。

（3）接收灵敏度测试报告，报告如图 6-25 所示。

6.1.3　G3-PLC 载波组网测试

6.1.3.1　测试平台总体架构

G3-PLC 载波仿真平台总体构架如图 6-26 所示，硬件设备包括集中器、智能电能表和可调衰减器。其中，可调衰减器用于系统载波信号传输过程中的衰减，载波信号通过集中器经可调衰减器 A 衰减后，发送到智能电能表端。

接线方式为集中器与智能电能表接入同一电力线路，智能电能表之间采用串联方式接入。大部分智能电能表作为前一块智能电能表的负载串联在前一块智能电能表的后面。经测试每经过一块串接的智能电能表，载波信号将衰减 2dB 左右。

图 6-23　综合测试系统界面

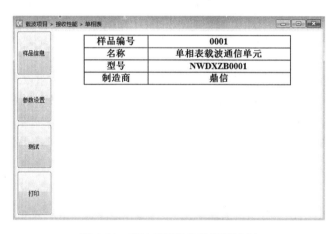

图 6-24　载波项目接收性能测试图

图 6-25　测试报告示例

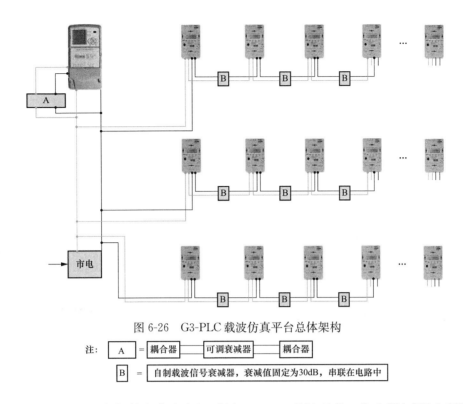

图 6-26　G3-PLC 载波仿真平台总体架构

注：　A ＝ 耦合器　可调衰减器　耦合器

B ＝ 自制载波信号衰减器，衰减值固定为30dB，串联在电路中

通信方式为集中器与智能电能表之间采用 G3-PLC 载波通信，集中器与测评系统采用以太网或 GPRS 通信。

6.1.3.2　测试方法

集抄系统通信评测的指标一般选取智能组网及组网速度、路由链路质量及通信速率作为衡量 G3-PLC 通信性能的指标。

（1）智能组网及组网速度。智能组网是指处于通信网络中的各节点能根据运行情况自动调整与集中器之间的通信路径，从而保证与集中器之间数据交互的通道通畅。组网速度指的是网络中各通信节点与集中器形成可通信路由需要的时间。通常自动组网的速度越快，证明这种通信方式的通信性能越好。

（2）路由链路质量。路由是指把信息从源穿过网络传递到目的地的行为。在通信评测系统中，指的是集中器通过通信通道与各采集设备进行数据交换的行为。从源到目的地经过的路由链路，常以路由表的形式来进行存储。路由链路质量的好坏决定着源和目的地之间数据交互的稳定性和可靠性，因此路由链路质量常用来作为通道性能评测的指标。

（3）通信速率。通信速率指的是数据在通信信道中传输的速度，通常通信性能越好的通道，数据传输的速度也就越快，因此，通信速率的快慢可作为通信性能评测的重要指标。

依据上述通信性能指标，系统通信评测一般选取组网功能测试、路由功能测试、载波通信系统稳定性测试、可靠性测试和通信速率测试等测试内容。

（4）组网功能测试。组网测试一般包括一台集中器和 N 台（N 可设置）载波电能表（或采集器），组网功能测试项目如表 6-1 所示。

（5）路由功能测试。路由功能测试包括最大路由深度测试（本系统最大可模拟 8 跳）、孤立（损坏）节点探查与绕开能力测试、路由丢失与恢复测试和路由查找自动选择最佳路径测试。

表 6-1   组网功能测试项目

序号	项目	测试方法及要求
1	上电复位组建网络	测试集中器、载波电能表（或采集器）重新上电复位主从模块，网络能否正常组建；要求载波电能表（或采集器）上电后应该在预计时间内正常注册成功
2	加入网络测试	包括通信地址不相同的两块载波电能表（或采集器）加入网络测试、通信地址相同的两块载波电能表（或采集器）加入网络测试、载波电能表（或采集器）不停上下电复位加入网络测试三种情况测试
3	离开网络测试	测试集中器能否强制指定电能表（或采集器）M1 离开网络；载波电能表（或采集器）M2 能否主动离开网络
4	智能电能表故障（掉线）监测	测试集中器能否诊断在线载波电能表（或采集器）M1 掉线故障；载波电能表（或采集器）断电 N 分钟后，查看主模块 log 日志（随抄操作返回失败日志）
5	集中器掉电再上电故障测试	测试集中器故障掉电再上电（如更换主模块）网络自恢复的时间，要求 N 分钟载波电能表（或采集器）都加入网络，集中器对载波电能表（或采集器）进行随抄操作，返回成功

（6）载波通信系统稳定性测试。通过加入各种干扰源，评测系统每 N 分钟（N 可设置）循环轮抄所有电能表，统计 N 天（N 可设置）或更长时间的数据，统计整段时间内的抄读总轮次数以及每块表抄读成功的次数，计算稳定率。

网络组建成功后，主台抄表测试软件设置为循环轮抄所有电能表模式，各个节点加适当的衰减，噪声发生器随机注入适当的噪声，负载模拟器模拟不同的负载，至少统计 N 天（N 可设置）的数据。分时间段统计抄读成功的电能表数量。

（7）载波通信系统可靠性测试。通过加入各种干扰源，评测系统每 N 分钟循环轮抄所有电能表，统计 N 天（N 可设置）或更长时间的数据，按时间段统计抄读成功的电能表数量，计算抄通率。

网络组建成功后，主台抄表测试软件设置为循环轮抄所有电能表模式，各个结点随机加适当的衰减，噪声发生器随机注入适当的噪声，负载模拟器模拟不同的负载，至少统计 N 天（N 可设置）的数据。

（8）载波通信系统通信速率测试。通过轮抄所有电能表，选择抄通成功的电能表，统计抄通成功的所有电能表所用时间（抄通时间），计算电能表的平均抄表时间。

统计网络的最快抄通时间和最快抄通速度。最快抄通速度定义为在全段抄通时间内，选择抄通率为 100% 的轮次，计算抄通所有电能表所用时间。在所有抄通率为 100% 的轮次内，确定最小的抄通时间则为最快抄通时间。

6.1.4 微功率无线组网测试

微功率无线组网测试可参照的技术规范有：《微功率（短距离）无线电设备的技术要求》（信部无〔2005〕423 号）；Q/GDW 374.3《电力用户用电信息采集系统技术规范 第三部分：通信单元技术规范》；Q/GDW 379.4《电力用户用电信息采集系统检验技术规范 第四部分：通信单元检验技术规范》。

6.1.4.1 测试环境

本部分测试环境主要针对高层及多层住宅，使用无线集中器一台、M 台（M 可设置）无线中继器、N 台（N 可设置）无线智能电能表。

在高层布置 2 个单元（域）（多层住宅根据实际环境情况进行布置）。高层 2 个单元（域）布置时，一个单元每层布置一个点；另一个单元 10 层以下每层布置一个点，10 层以上隔层布置一个点。高层微功率无线测试环境布置示意图如图 6-27 所示。

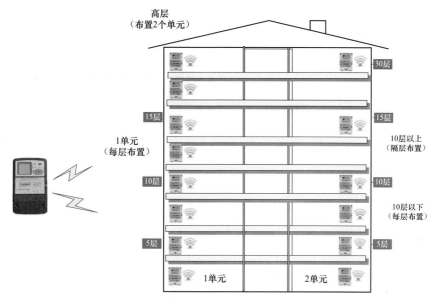

图 6-27　高层微功率无线测试环境布置示意图

集中器位置根据中继器位置进行布置，须保证组建形成中继器 3 级 4 跳的路由结构，要求中继器之间既能够通信，又能支持 3 级 4 跳的路由模式。多层住宅处的无线中继器，根据实际环境进行布置，保证无线中继器间能够正常通信。

6.1.4.2　测试方法

微功率无线组网测试包含自动连网、自动调频、路径优化、网络故障执行修复、数据转发、链路探测、运行状态信息查询、日冻结数据抄读成功率、小时冻结数据抄读成功率、随抄成功率和中继深度等测试内容。

1. 自动连网测试

自动连网测试主要检验采集器/智能电能表侧的通信模块是否能够正常加入已预设置采集器/智能电能表地址的集中器，并且能成功申请网络短地址。测试方法如下：

（1）在集中器上正确输入相应采集器/智能电能表档案。

（2）设置监控工装（用于在计算机 USB 接口上实现微功率无线信号监测的工具装置）的工作频道与集中器的工作频道一致。

（3）采集器/智能电能表上电后应自动完成以下四个步骤，无需人工干预：

1）主动获取采集器/智能电能表的通信地址。

2）跳频扫描周围网络，获取到归属集中器的路径。

3）携带采集器/智能电能表的通信地址向归属集中器申请网络短地址。

4）集中器分配网络短地址给采集器/智能电能表。

（4）用监控程序监控采集终端/智能电能表登录信息。

采集器/智能电能表加入网络的时间受周围的环境和集中器的数量的影响。如在周围环境只有一台集中器，距集中器一跳范围内采集器/智能电能表的组网最长时间不超过 N 分钟（N 可设置），则周围环境每增加一个集中器，一跳范围内采集器/智能电能表的组网时间就增加 M 分钟（M 可设置）。

另外，多跳采集器/智能电能表的组网时间受周围采集器/智能电能表数量的影响。总的来说，在被测采集器/智能电能表数量小于 256 的条件下组建 7 级 8 跳的组网时间不超过 N 小时（N 可设置）。

2. 自动跳频测试

自动跳频测试主要检验采集器/智能电能表侧无线通信模块是否能够主动切换频率，扫描周围集中器的无线网络，寻找归属集中器的无线网络并连接该网络。应确保该测试环境中，只有两台集中器处于上电运行，才能满足被测采集器/智能电能表在 N 分钟（N 可设置）之内跳频到第二台集中器上。测试方法如下：

（1）按"自动连网测试"的测试方法，让被测试的采集器/智能电能表先加入第一个集中器，并通过该集中器的菜单正常抄读被测采集器/智能电能表的数据。

（2）把相应被测试采集器/智能电能表的档案输入到第二个集中器后，并使第一个集中器断电，同时把第二个集中器上电；在测试过程中，确保第二个集中器的频道与第一个集中器的频道不一致。

在第一个集中器断电不超过 N 分钟（N 可设置）范围内，被测试的采集器/智能电能表应该成功登录第二个集中器成功组网，并且在第二个集中器上能够正常抄读数据。

3. 路径优化测试

路优化测试主要检验采集器/智能电能表侧无线通信模块在运行过程中，是否优选最佳路由，以确保通信的稳定性和可靠性。测试方法如下：

（1）选择"自动连网测试"的测试方法，让智能电能表 M1 和智能电能表 M2 加入集中器 C1 的网络，智能电能表 M2 的原始路径如图 6-28 所示，椭圆区域为集中器和采集器/智能电能表信号重叠覆盖范围。

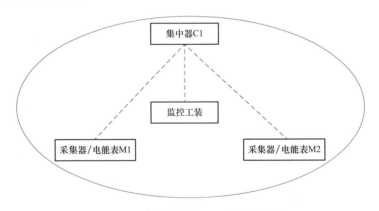

图 6-28　智能电能表 M2 的原始路径

（2）打开监控工装，并使监控程序的频道与集中器 C1 的频道一致。

（3）手动强制修改智能电能表 M2 的路径［C1—M1—M2］，使其成为 M1 的子节点，即智能电能表 M2 由 1 跳节点变成 2 跳节点，智能电能表 M2 修改后的路径如图 6-29 所示，椭圆区域为集中器和采集器/智能电能表信号重叠覆盖范围。

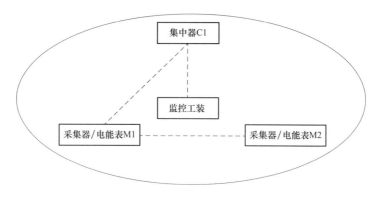

图 6-29　智能电能表 M2 修改后的路径

（4）通过电脑上的路由工具向智能电能表 M2 发送探测命令，或者在集中器 C1 信号覆盖范围内再加入一块新智能电能表，使其加入集中器 C1 的网络，智能电能表 M2 旁听链路上有效路由后，优化本身路径，使其重新成为一跳的节点。

通过路由工具连续发出 2 次探测命令之后，智能电能表 M2 在 N 分钟（N 可设置）左右应该更新到集中器的路径。

选择"运行状态信息查询"操作，查询智能电能表 M2 到集中器的路由深度应该由 2 变成 1。

4. 网络故障自行修复测试

网络故障自行修复测试主要用于检验当小无线网络中关键中继节点出现通信故障，且在其子节点附近存在有效中继节点（是指该节点与集中器的通信链路可靠）的条件下，其下的子节点在规定的时间之内是否能够自行修复到集中器的路径。测试方法如下：

（1）选择"自动连网测试"的测试方法，组建如图 6-30 所示的连接网络。智能电能表 M1 和 M2 都是集中器 C1 的一跳节点，智能电能表 M3 处于集中器 C1 网络的第 2 跳节点，且为智能电能表 M1 的子节点，同时智能电能表 M3 也处于智能电能表 M2 的信号覆盖范围之内，其中虚线椭圆为集中器 C1 信号覆盖的范围，实线椭圆为 M1、M2、M3 信号重叠覆盖范围。

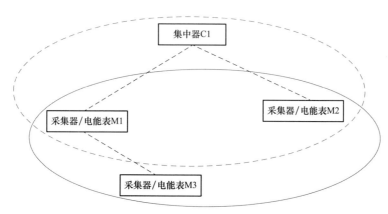

图 6-30　网络故障自行修复测试构架图

（2）把智能电能表 M1 停电 N 分钟（N 可设置）。智能电能表 M3 在 N 分钟后，应该选择智能电能表 M2 作为中继节点，组建如图 6-31 所示的连接网络。

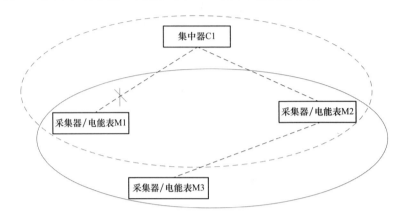

图 6-31　网络故障自行修复后示意图

5. 数据转发测试

数据转发测试主要测试无线通信模块使用 UART 接口与关联设备进行通信，将空中接口接收的数据转发到 UART 接口，同时从 UART 接口接收的数据转发到空中无线链路以及验证数据在通信链路上传输过程中的完整性及准确性。测试方法如下：

（1）选择"自动连网测试"的测试方法，组建如图 6-32 所示的网络。智能电能表 M1是集中器 C1 网络的一跳节点，智能电能表 M3 处于集中器 C1 网络的第 2 跳节点，且为智能电能表 M1 的子节点，图 6-32 中的椭圆区域为集中器 C1 和智能电能表采集器/智能电能表M1 信号的重叠覆盖的范围。

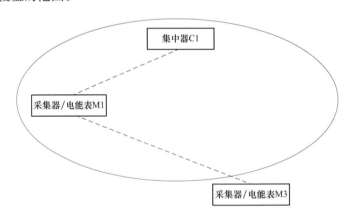

图 6-32　数据转发测试网络图

（2）在集中器 C1 上通过菜单程序或其他程序抄读智能电能表 M3 的数据，并与智能电能表内的原始数据进行核实对比确认数据的正确性，在测试过程，确保智能电能表处于运行状态。

在按照上述条件测试后，集中器 C1 能够正常抄读智能电能表 M3 的数据，并且数据准确性为预期值。

6. 链路探测测试

链路探测测试主要用于探测集中器到指定节点的通信链路是否可靠及从响应报文中获取

邻居节点信息；也可以用于修改指定节点到集中器的路径（即人工指定路径），同时也用于集中器试图修复通信故障节点的路径。测试方法如下：

（1）打开监控工装，并把频道设定与集中器的频道一致。选择"自动连网测试"的测试方法，组建如图 6-33 所示的网络。智能电能表 M1、M2 都是集中器 C1 的一跳节点，智能电能表 M3 处于集中器 C1 网络的第 2 跳节点，且为智能电能表 M1 的子节点，同时智能电能表 M3 也处于智能电能表 M2 的信号覆盖范围之内，其中椭圆区域为集中器 C1 和智能电能表采集器/智能电能表 M1 及采集器/智能电能表 M2 信号的重叠覆盖的范围。

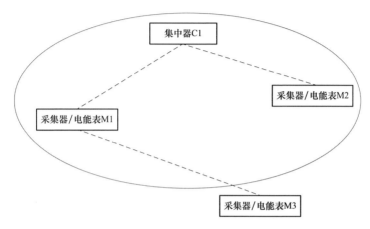

图 6-33　链路探测测试网络图

（2）使用网线把电脑与集中器 C1 相连，在电脑上运行路由程序，分别向智能电能表 M1、M2、M3 发送链路探测命令。分析智能电能表返回的响应报文，核实是否存在邻居节点，其中网络地址为 0XFFFF 时，表示该节点无效。使用监控测试工装，自行组织报文下发到智能电能表 M3 人为修改集中器 C1 到智能电能表 M3 的路径（即由 C1—M1—M3 改为 C1—M2—M3）。使用监控测试工装，自行组织报文按指定路径（C1—M2—M3）探测智能电能表 M3，智能电能表 M3 的应答报文按集中器 C1 指定的路径反向沿路返回（M3—M2—C1），但并不修改智能电能表 M3 到集中器 C1 的原来的路径（C1—M1—M3）。

按照上述方法测试后，选择"运行状态信息查询"操作，确保指定的节点内已经记录邻居节点的条件下，在监控的正确响应报文中，应该包含各自邻居节点信息，最大邻居节点数目不大于 N。

选择"运行状态信息查询"操作，读取智能电能表 M3 当前到集中器的路径。验证"运行状态信息查询"中的"5"人工指定特定节点的路径"操作是否成功。

选择"运行状态信息查询"操作，读取智能电能表 M3 当前到集中器的路径。验证"运行状态信息查询"中的"6"操作之后，未修改智能电能表 M3 的主路径。

7. 运行状态信息查询

运行状态查询用于查询智能电能表节点的实时运行信息：与副节点的实时通信统计信息，当前路由信息及与邻居节点通信异常的记录信息。测试方法如下：

打开监控工装，并把频道设定与集中器的频道一致。自行组织发送报文"04 0C A9 ff ff FF FF FF FF FF FF FF FF 01 29 00 00 72 07 50"，使用串口发送程序通过监控工装发送，其中"29 00 00 72 07 50"为采集器/智能电能表地址［50 07 72 00 00 29］传输码。

按照上述测试方法测试后，当智能电能表节点与监控工装的频道一致时，监控程序应该接收到智能电能表节点的响应帧。

8. 日冻结数据抄读成功率测试

日冻结数据抄读成功率测试主要用于验证集中器连续抄读网内智能电能表日冻结数据的能力。测试方法如下：

（1）集中器及测试智能电能表（采集器）全部上电，等待组网成功。

（2）设置集中器日冻结数据抄读项。

（3）开启集中器日冻结数据抄读功能，连续抄读 N 天（N 可设置）。

（4）从集中器中导出日冻结数据进行分析，统计 N 天（N 可设置）的日冻结抄读时间及数据。

按照上述测试方法读取数据后，按照不同地区，抄读 M 分钟（M 可设置）后，抄读成功率与预期值一致。

9. 小时冻结数据抄读成功率测试

小时冻结数据抄读成功率测试主要用于验证集中器连续抄读网内重点表小时数据的能力。测试方法如下：

（1）智能电能表组网成功后，用 DL/T 698《电能信息采集与管理系统》（系列标准）测试系统主站软件或远程登录集中器修改档案来设置重点表，数量不少于 N 台（N 可设置）。

（2）设置集中器每小时抄读数据项。

（3）开启集中器抄表功能，连续抄读 M 天（M 可设置）。

（4）每 24h 后，从集中器中导出小时数据进行分析，统计共 A 轮次的抄读时间及数据。

按照上述测试方法读取数据后，抄送节点数量在 100 个以内，抄读时间为 10min，抄读成功率为预期值则认为数据与智能电能表显示的原始数据一致。

10. 随抄成功率测试

随抄成功率测试主要用于验证集中器的随抄成功率，集中器对网内的任意智能电能表进行数据随抄，不受智能电能表状态影响，可随意切换定抄与随抄模式。测试方法如下：

（1）在非定抄时间段（定抄结束后至下一次定抄启动之前），选择 698 测试主站"数据随抄测试"项中相应测量点号"F129 当前正向有功电能示值"，发送抄读请求，等待数据召测完成。

（2）在定抄时间段（定时抄表启动后至所有表抄完之前），选择 698 测试主站"数据随抄测试"项中相应测量点号"F129 当前正向有功电能示值"，发送抄读请求，等待数据召测完成。

（3）每块智能电能表每天抄读两次（集中器非定抄和定抄时各 1 次），每次只发送一次抄读命令，如果没抄到则认为该智能电能表随抄不成功。

按照上述测试方法读取数据后，按照不同地区，抄读 N 分钟（N 可设置）后，抄读成功率与预期值一致。

11. 中继深度测试

中继深度测试主要用于搭建虚拟中继环境（最大 7 级中继），统计中继智能电能表抄读成功率。测试方法如下：

（1）通过虚拟软件设置一个7级8跳的智能电能表网络，中继深度测试工作原理示意图如图6-34所示。

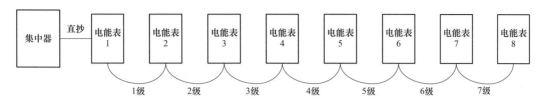

图6-34　中继深度测试工作原理示意图

（2）对该中继路由上所有节点从1级开始至7级的智能电能表逐级进行数据抄读。

（3）统计各级智能电能表的抄读成功率。

按照上述测试方法获得测试数据后，各级中继的智能电能表抄读成功率应达到预期值，数据与智能电能表显示的原始数据一致。

6.1.4.3　测试示例

本示例采用综合测试系统测试微功率无线组网，具体操作流程如下：

（1）点击打开综合测试系统界面，如图6-35所示。

（2）选择"组网控制"，界面如图6-36所示。

（3）单击"节点管理"导入组网节点档案至集中器模块中，界面如图6-37所示。

（4）单击"衰减器设置"，设置每个节点信号衰减值，使组网时形成7跳拓扑网络，这个操作需要反复进行尝试，设置界面如图6-38所示。

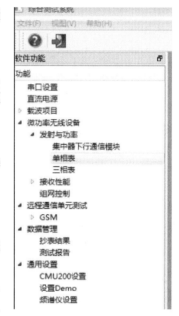

图6-35　综合测试系统界面

（5）单击"状态信息"—"开始组网"，等待4min，点击"组网查询"，当"路由完成标记＝1"表示组网停止，查看网络拓扑图，如果不合要求，则重复第四步操作，设置界面如图6-39所示。

（6）测试合格组网完成7跳后，进行多跳抄表测试，抄表成功率100％，则判定微功率无线组网7跳成功，测试结果界面如图6-40所示。

图6-36　综合测试系统的组网控制界面

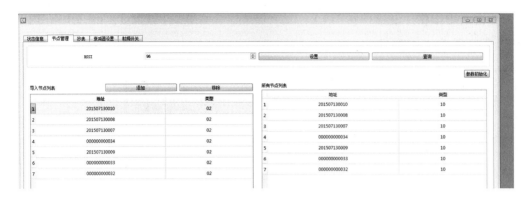

图 6-37　综合测试系统的组网节点档案设置界面

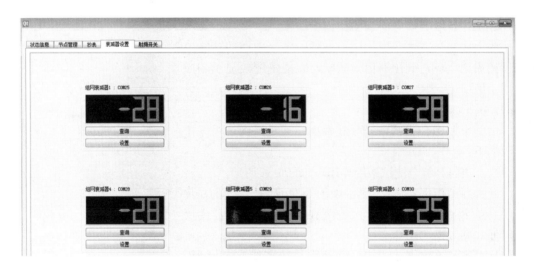

图 6-38　综合测试系统的衰减器设置界面

图 6-39　综合测试系统的组网查询与测试设置界面

图 6-40　综合测试系统的测试结果界面

6.2　功　能　测　试

6.2.1　采集器基本功能测试

采集器基本功能测试包括电源适应性、红外线通信接口及参数检测、端子电压及抄表功能和维护功能测试项目。

（1）电源适应性。要求在某个额定电压范围内集中器应能工作正常，具备正常通信、采集数据等功能，并无重启等异常现象。

分别调节电压为额定电压的预期值，断电上电各 N 次（N 可设置），间隔 M 秒（M 可设置），采集器能够正常工作。

（2）红外线通信接口及参数检测。选好掌机程序，设置好表地址或者采集器地址，将掌机对准采集器红外线通信口（距离≤60cm），能正确地对采集器参数进行抄读和设置，且参数和预计要求一致。需要采集的参数有：采集器时钟、采集器冻结模式、采集器上行通道、采集器规约和软件版本、采集器下行抄表波特率。

（3）端子电压及抄表功能。用万用表测试采集器端子电压，采集器的抄表口电压正常范围在 2.5～5.0V；维护口电压在（4.0±0.5）V。然后接入采集器对应的规约表。

按照采集器Ⅱ型接线端子功能标识，选好掌机程序，设置好准确表地址，掌机能够抄读到准确的表的数据。

（4）维护功能。RS 485 通信方式用一根 RS 485 输出转电脑串口 RS 232 端口转接线，实现采集器与电脑的连接。

把终端维护口连接到维护线，运行调试软件。先以 9600bit/s 为参数打开串口，采集器上电，设置好对应的表地址和采集器地址。在设置好抄表指令代码，抄读当前正相有功总电量，如能正确回应帧表明上行、下行链路通信正常。

通过电脑上运行的超级终端对采集器进行操作命令，进入维护界面并可更改采集器相应参数。

6.2.2 集中器功能测试

集中器功能测试包含基本功能测试和复位、数据采集与控制、集抄查询、USB 接口、系统时钟、无线通信、数据采集和可靠性等控制命令测试内容。

1. 基本测试项目

(1) 停电/上电。

1) 测试输入：在集中器没有后备电池供电的情况下，给集中器加电源后断开电源，重复此操作 N 次（N 可设置）。

2) 期望输出：每次上电后电源指示灯马上点亮成绿色，之后约 1min 集中器能正常进入应用界面，主界面的显示内容为：一条横线的上半部分的左上角显示为网络信号，以及网络标志（根据设置的网络类型不同显示不同的标志，默认升级完软件后的通道类型为无效，所以默认显示为"G"），右上角显示小时和分钟，中间部分显示集中器主功能菜单；下半部分的横线下方显示告警信息或者是集中器通信信息。每次断电后集中器的电源绿色指示灯应立即熄灭，屏幕关闭。

(2) 主菜单。

1) 测试输入：上电后集中器按任意键进入主菜单的显示界面。

2) 期望输出：除上下横线部分显示规定的内容外，中间部分应显示：本地抄表、参数设置、管理与维护 3 个控件，按"上""下"键对应的聚焦黑框可以在这些控件之间顺序的上下移动或者按相反方向移动，按"左""右"键以及"取消"键，集中器没有任何反应，在对应的控件上按"确认"键，集中器能进入对应的子菜单。

(3) 本地抄表。

1) 测试输入：在主菜单中选中本地抄表显示控件，按"确认"键进入本地抄表数据显示菜单。

2) 期望输出：除上下横线部分显示规定的内容外，中间部分应显示：抄读当前数据、抄读统计数据 2 个控件，按"上""下"键对应的聚焦黑框可以在这些控件之间顺序的上下移动或者按相反方向移动，按"左""右"键集中器没有任何反应，按"取消"键，集中器能退回上级菜单。在对应的控件上按"确认"键，集中器能进入对应的子菜单。

(4) 当前数据抄读。

1) 测试输入：在本地抄表中选中抄读当前数据显示控件，按"确认"键进入抄读当前数据显示菜单。

2) 期望输出：除上下横线部分显示规定的内容外，中间部分应显示：请输入表序号、表序号选择、确定 3 个控件，按"上""下"键对应的聚焦黑框可以在这些控件之间顺序的上下移动或者按相反方向移动，将聚焦黑框放置在表序号选择栏，按"确定"键后，进入表序号设置子菜单，按"上""下""左""右"键可设置 0~9999 有效数据；按"取消"键，集中器能退回上级菜单。选择表序号后，按"确定"键，启动本地抄表任务，一般情况下1min内能抄表成功并上报正确采集数据，若失败则提示抄表失败。

（5）抄表统计。

1）测试输入：在主菜单中选中抄表统计数据显示控件，按"确认"键进入抄表统计数据显示菜单。

2）期望输出：除上下横线部分显示规定的内容外，中间部分应显示：抄表统计、冻结类型、冻结日期、确定、各类表总数、抄读成功数、抄读失败数，7个控件，按"上""下"键对应的聚焦黑框可以在这些控件之间顺序的上下移动或者按相反方向移动，将聚焦黑框放置在表序号选择栏，按"确定"键后，可进入对应子菜单；按"确定"键对集中器进行抄表统计后，集中器应进入抄表统计状态，并提示客户数据统计在进行中；统计完成后，各类表总数、抄读成功数及抄读失败数应自动刷新数据，按"取消"键，集中器能退回上级菜单。

（6）参数设置菜单。

1）测试输入：在本地抄表中选中参数设置显示控件，按"确认"键进入参数设置显示菜单。

2）期望输出：在进入参数设置菜单后输入正确密码，可进入子菜单，若密码输入有误，将提示客户"密码输入错误，请输入正确密码"，除上下横线部分显示规定的内容外，中间部分应显示：电能表档案、通信通道、集中器时间、界面密码、集中器编号5个控件，按"上""下"键对应的聚焦黑框可以在这些控件之间顺序的上下移动或者按相反方向移动，将聚焦黑框放置在表序号选择栏，按"确定"键后，可进入对应子菜单；按"取消"键，集中器能退回上级菜单。

（7）管理与维护菜单。

1）测试输入：在主菜单中选中管理与维护控件，按"确认"键进入对应的子菜单。

2）期望输出：除上下横线部分显示规定的内容外，中间部分应显示：版本信息、集中器IP、拨号参数、重启集中器、灰度调节5个控件，按"上""下"键对应的聚焦黑框可以在这些控件之间顺序的上下移动或者按相反方向移动，按"左""右"键集中器没有任何反应，在对应的控件上按"确认"键，集中器能进入对应的子菜单，按"取消"键，集中器能退回上级菜单。

（8）重启。

1）测试输入：在集中器管理与维护菜单中选中重启集中器控件，按"确认"键进入对应的子菜单。

2）期望输出：除上下横线部分显示规定的内容外，中间部分应显示：是否重启集中器两个确认的控件，按"上""下""左""右"键对应的聚焦黑框可以在这些控件之间顺序的左右移动或者按相反方向移动，按"取消"键或者在"否"控件上按"确认"键，集中器能退回上级菜单，在"是"控件上按"确认"键，集中器立即黑屏，5s内，电源灯点亮，集中器能正常启动。

（9）集中器编号设置。

1）测试输入：在参数设置菜单中选中集中器编号设置控件，按"确认"键进入对应的子菜单。

2）期望输出：界面中间部分应显示：行政区县码、十进制码、十六进制码、集中器地址、十进制地址、十六进制地址 6 个控件，按"上""下"键对应的聚焦黑框可以在这些控件之间顺序的上下移动或者按相反方向移动，在十进制码、十六进制码控件上按"确认"键，集中器能进入对应的编码修改区，按"上""下""左""右"键更改编号设置后按"确定"键，设置成功；按"取消"键，取消设置，集中器能退回上级菜单。

（10）密码设置。

1）测试输入：在参数设置菜单中选中界面密码控件，按"确认"键进入对应的子菜单。

2）期望输出：除上下横线部分显示规定的内容外，中间部分出现设定新密码提示及输入新密码修改区、重复新密码修改区，按"上""下""左""右"键修改密码后按"确定"键，再把刚设置好的密码重复输入重复新密码修改区，按"确认"键，设置成功；按"取消"键，取消设置，集中器能退回上级菜单。密码若发生修改在任意要输入密码的界面中输入新密码方能进入选项。

（11）时钟设置。

1）测试输入：在参数设置菜单中选中集中器时间控件，按"确认"键进入对应的子菜单。

2）期望输出：除上下横线部分显示规定的内容外，中间部分出现集中器时间设置提示及时钟设置修改区，按"上""下""左""右"键修改密码后按"确定"键，按"确认"键，设置成功；按"取消"键，取消设置，集中器能退回上级菜单，若对集中器修改不合法时钟，集中器应提示时钟设置错误，且设置无效。

（12）通信通道设置。

1）测试输入：在参数设置菜单中选中通信通道控件，按"确认"键进入对应的子菜单。

2）期望输出：除上横线部分显示规定的内容外，下横线部分显示"通信参数设置"的信息提示，中间部分应显示：当前通道类别、移动网络、配置类型、主站 IP 配置及详细设置 5 个控件，按"上""下"键对应的聚焦黑框可以在这些控件之间顺序的上下移动或者按相反方向移动，按"左""右"键集中器没有任何反应，当聚焦黑框选择移动网络或主站 IP 配置时按"确认"键即可进入字菜单选项，按"确认"键，选择成功；按"取消"键，取消选择，集中器能退回上级菜单，当集中器选择为主站 IP 配置时，进入详细设置，集中器进入 IP 端口设置主用 IP、备用 IP、端口及心跳周期，当集中器选择 APN 配置时，集中器进入 ANP 设置、用户名设置、密码设置，按"上""下""左""右"键修改内容，按"确定"键，设置成功；按"取消"键，取消设置，集中器能退回上级菜单，当集中器通信参数发生变更后，集中器应重新相应拨号，主站登录等操作，集中器通信情况应在下横线部分显示出来。

（13）表档案设置。

1）测试输入：在参数设置菜单中选中电能表档案控件，按"确认"键进入对应的子菜单。

2）期望输出：除上横线部分显示规定的内容外，中间部分应显示：电能表参数查询设置提示及电能表序号、详细参数 2 个控件，按"上""下"键对应的聚焦黑框可以在这些控件之间顺序的上下移动或者按相反方向移动，当聚焦黑框选择电能表序号时，点击"确认"键即可进入字菜单选项，按"上""下""左""右"键输入表序号数字，有效范围为 0～9999；按"确定"键，设置成功；按"取消"键，取消设置，集中器能退回上级菜单；当集中器选择表序号后，将聚焦黑框移置详细参数，按"确定"键，进入子菜单，对表地址、表属性、采集器地址、下行通道、波特率、协议类型、用户类型进行设置，按"确定"键，设置成功；按"取消"键，取消设置，集中器能退回上级菜单。

2. 复位命令

测试项目为设置集中器重启。

（1）测试输入：集中器上电，注册主站成功，集中器与主站通信正常。如主站对该集中器下发复位指令。

（2）期望输出：主站成功下发集中器复位命令，集中器重启，报文格式正确。

3. 数据采集与控制

数据采集与控制包含的测试为：集中器对时；阀控命令；批量阀控命令；校准压力低值；校准压力高值；脉冲电能表量值清零。

4. 集抄查询测试

（1）读阀门巡检设置。

1）测试项目：主站抄读终端下行电能表阀门巡检日。

2）测试输入：集中器上电，注册主站成功，集中器与主站通信正常，如主站对集中器下发抄读电能表阀门巡检日命令。

3）期望输出：主站读取到的阀门巡检设置与阀门巡检设置一致，原报文格式正确。

（2）读集中器冻结时间设置。

1）测试项目：主站抄读终端冻结时间设置。

2）测试输入：集中器上电，注册主站成功，集中器与主站通信正常，如主站对集中器下发抄读集中器冻结时间设置命令。

3）期望输出：主站读取到的集中器冻结时间设置与集中器冻结时间设置一致，原报文格式正确。

（3）读采样周期和冻结周期设置。

1）测试项目：主站读取采样周期和冻结周期设置。

2）测试输入：集中器上电，注册主站成功，集中器与主站通信正常，如主站对集中器下发抄读取采样周期和冻结周期设置命令。

3）期望输出：主站读取到的采样周期和冻结周期设置与采样周期和冻结周期设置一致，原报文格式正确。

（4）读主动上报时间设置。

1）测试项目：主站读取动上报时间设置。

2）测试输入：集中器上电，注册主站成功，集中器与主站通信正常，如主站对集中器下发抄读主动上报时间设置命令。

3）期望输出：主站读取到的主动上报时间设置与主动上报时间设置一致，原报文格式正确。

（5）读窗口通信时间设置。

1）测试项目：主站读取窗口通信时间设置。

2）测试输入：集中器上电，注册主站成功，集中器与主站通信正常，如主站对集中器下发抄读窗口通信时间设置命令。

3）期望输出：主站读取到的窗口通信时间设置与窗口通信时间设置一致，原报文格式正确。

（6）读数据上报掩码设置。

1）测试项目：主站读取数据上报掩码设置。

2）测试输入：集中器上电，注册主站成功，集中器与主站通信正常，如主站对集中器下发抄读数据上报掩码设置命令。

3）期望输出：主站读取到的数据上报掩码设置与数据上报掩码设置一致，原报文格式正确。

5. USB 接口

把带有脚本程序的 U 盘插入集中器 USB 口，是否能改变集中器的内部参数或升级正常。

6. 系统时钟

主台与 GPS 时钟对准后，进行集中器对时，时钟对准后，观察其时钟变化（以上步骤在终端生产已完成），计时单元的日计时绝对误差不得大于 1s/d。

7. 无线通信功能

测试 GPRS/CDMA 通信能否与主站正常通信。测试方法为：模块断电，在 GPRS/CD-MA 通信模块插入 SIM 卡，重启终端。查看终端的终端无线网络 IP 地址，GPRS/CDMA 通信模块只有在其功能正常的情况下能正确获取 IP 地址。同时查看信号强度，在信号正常的环境情况下，终端获取的信号强度不应该小于 3 格强度。如果终端设置好主台通信参数后，能登录到主台，并通过主台采集到相应的数据。

8. 数据采集

（1）终端日历时钟。

1）测试项目：主站读取终端日历时钟信息。

2）测试输入：集中器上电，注册主站成功，集中器与主站通信正常，如主站下发抄读集中器时间命令。

3）期望输出：主站读取到的时间与集中器时间一致，原报文格式正确。

（2）终端上行通信状态。

1）测试项目 1：集中器处于常在线状态。

a. 测试输入：集中器上电，注册主站成功，集中器与主站通信正常，如随时通过主站对集中器进行各项操作。

b. 期望输出：集中器在使用市电供电情况下，应处于常在线模式，可及时响应主站命令，原报文格式正确。

2）测试项目 2：终端定时发送心跳。

a. 测试输入：集中器上电，注册主站成功，集中器与主站通信正常，如对该集中器设置心跳周期 5min。

b. 期望输出：集中器在每个心跳周期向主站发送一次心跳，主站能及时响应集中器心跳，原报文格式正确。

（3）读电能表当前用量。

1）测试项目：主站抄读终端下行电能表当前用量。

2）测试输入：集中器上电，注册主站成功，集中器与主站通信正常，如集中器正确连接电能表，主站对集中器下发抄读电能表当前用量命令。

3）期望输出：集中器抄读对应电能表当前用量返回主站，数据正确，原报文格式正确。

（4）读终端电池电压。

1）测试项目：主站读取终端电池电压状态。

2）测试输入：集中器上电，注册主站成功，集中器与主站通信正常，如主站对集中器下发读取电池电压状态命令。

3）期望输出：主站读取电池电压状态，状态正确，原报文格式正确。

（5）读编程状态。

1）测试项目：主站读取终端编程状态。

2）测试输入：集中器上电，注册主站成功，集中器与主站通信正常，如主站对集中器下发读取编程状态命令。

3）期望输出：主站读取终端编程状态（1为编程状态；0为非编程状态），状态正确，原报文格式正确。

（6）读开盖状态。

1）测试项目：主站读取终端开盖状态。

2）测试输入：集中器上电，注册主站成功，集中器与主站通信正常，如主站对集中器下发读取开盖状态命令。

3）期望输出：主站读取终端开盖状态（0为开盖状态；1为非开盖状态），状态正确，原报文格式正确。

9. 可靠性测试

（1）数据采集可靠性测试。

1）测试项目1：通道满负载测试。

a. 测试输入：集中器每路 M-Bus 或 RS 485、RF 各接入满负载 64 台下行电能表，正常运行后，观察抄表情况。

b. 期望输出：正常情况下，下行所以电能表应该都能正确采集，不会出现停抄现象，抄表稳定，有线成功率为100%，无线成功率大于98%。

2）测试项目2：日冻结数据采集成功率。

a. 测试输入：集中器某一通道不少于满负载电能表情况下，正常运行后，观察下行所有电能表的抄表情况，读取抄表成功率。运行31天后，观察每天的日冻结数据是否正常（可通过校时方式模拟过日，校时间隔不少于1h）。

b. 期望输出：下行所有电能表应该都能正常抄通，有线抄表成功率为100%，每天日冻结数据正常；无线抄表成功率大于98%，每天的日冻结数据正常。

3）测试项目3：月冻结数据采集成功率。

a. 测试输入：集中器某一通道不少于满负载电能表情况下，正常运行后，观察下行所有电能表的抄表情况，抄表成功率。运行12个月后，观察每月的月冻结数据〔正常运行1天过月后，调整时间到月底最后一天23：00（重复12次），让其继续过月，一直过12个月〕。

b. 期望输出：下行所有电能表应该都能正常抄通，有线抄表成功率为100%，每月月冻结数据正常；无线抄表成功率大于98%，每天的日冻结数据正常。

4）测试项目4：重点用户曲线数据采集成功率。

a. 测试输入：集中器某一通道不少于满负载电能表情况下，设置其中20块为重点用户，正常运行10天，观察这些重点用户的小时冻结数据。

b. 期望输出：下行所有电能表应该冻结正常，20个重点用户连续10天的所有冻结点数据都正确无误。有线抄表成功率为100%，每月月冻结数据正常；无线抄表成功率大于98%。

（2）事件记录可靠性。

1）测试输入：集中器下行各种通道不少于两台表的情况下，模拟产生各种事件，频繁产生结束，一段时间后，让其产生100条事件，通过主站查看事件主动上报情况。

2）期望输出：所有事件，100条以内，应该都能正确上报与保存。

（3）档案设置极限测试。

1）测试输入：通过主站设置集中器最大允许电能表档案数量，设置成功后，通过主站召测电能表档案，查看召测的数据内容是否与设置的一致。

2）期望输出：所有设置电能表档案都能装载成功且档案分批装载成功率为100%，召测电能表档案应与装载参数一致。

（4）工作稳定性。

1）测试输入：

a. 连续运行集中器1个月，关注集中器是否存在死机或重启的情况。

b. 集中器死机后重启时，是否自行恢复。

c. 集中器GPRS、以太网是否允许稳定。

2）期望输出：集中器不出现死机情况，如果出现死机或重启现象时，集中器能够自行恢复。GPRS/以太网不应出现频繁掉线现象，若出现掉线现象，集中器能在下一个心跳周期正常拨号登入主站。

6.2.3 采集终端性能测试

采集终端在出厂前需要进行脉冲电压测试、绝缘强度测试、功耗测试、过压测试、浪涌抗扰度测试、静电放电测试、快速瞬变脉冲群测试。

1. 脉冲电压测试

（1）测试设备：脉冲电压测试仪。

（2）测试方法：被试回路为电源回路对地、出回路对地、状态输入回路对地、交流工频电量输入回路对地。测试时，应将被试回路的接地线断开，即以上无电气联系的各回路之间、RS 485接口与电源端子间，调整干扰电压，对设备进行若干次冲击。

（3）测试时受试样品无闪络、破坏性放电和击穿的现象，测试后，受试样品能够正常工作。

2. 绝缘强度测试

（1）测试设备：耐压测试仪。

（2）测试方法：用50Hz正弦波电压进行测试，时间1min，分别在以下几种配置下进行测试：额定绝缘电压为$250<U\leqslant400$的被试回路之间测试电压为2.5kV；额定绝缘电压为$60<U\leqslant125$、输出继电器动合触点间的测试电压为1500V；额定绝缘电压为$125<U\leqslant250$时，测试电压为2kV；额定绝缘电压$U\leqslant60$时，测试电压为500V。

（3）测试时受试样品无闪络、击穿的现象；测试后，受试样品能够正常工作。

3. 功耗测试

（1）测试设备：多功能测试仪。

（2）测试方法及标准：采用三相供电的集中器或采集器，每相有功功耗应不大于 5W，视在功耗不大于 10VA；电流回路消耗功耗小于 0.25VA。

4. 过压测试

（1）测试设备：三相电能表检定装置。

（2）测试方法：将单相 220V 供电的终端电源电压升至 N 倍的标称电压；将三相供电的终端电源的中性端与三相四线测试电源的地端断开，并与测试电源的模拟接地故障相（输出电压为零）连接，三相四线测试电源的另外两相的电压升至 M 倍（M 可设置）的标称电压。根据实际需要设定每相的测试时间。

（3）测试后，终端完好，保存数据无改变。

5. 浪涌抗扰度测试

（1）测试设备：雷击浪涌发生器。

（2）测试方法：电源两端口之间电压为 2kV，电源、交流采样各端口与地之间电压为 4kV，状态量输入和不大于 60V 控制输出各端口与地之间 1kV，大于 60V 控制输出各端口与地之间电压为 2kV。各设备连接如图 6-41 所示。

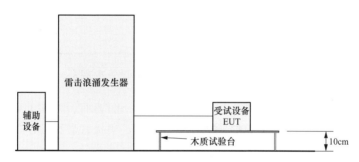

图 6-41　浪涌抗扰度测试各设备连接图

（3）合格标准：在对各回路进行测试时，容许出现短时通信中断和液晶显示瞬时闪屏，其他功能和性能应正常，测试后终端应能正常工作。

6. 静电放电测试

（1）测试设备：静电发生器。

（2）测试方法：

1）接触放电测试电压：8kV。

2）空气放电测试电压：15kV。

3）施加部位：在操作人员正常使用时可能触及的外壳和操作部分，包括 RS 485 接口。

4）每个敏感测试点放电次数：正负极性各 N 次（N 可设置），每次放电间隔至少为 1s，各设备连接如图 6-42 所示。

（3）合格标准：测试时终端容许出现短时通信中断和液晶显示瞬时闪屏，其他功能和性能应正常，测试后终端应能正常工作。

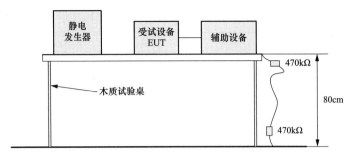

图 6-42　静电放电测试各设备连接图

7. 快速瞬变脉冲群测试

（1）测试设备：快速瞬变脉冲群测试装置。

（2）快速瞬变脉冲群测试设备连接图如图 6-43 所示。分别在以下各状态下进行测试。

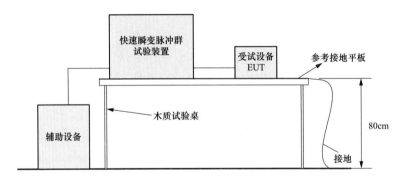

图 6-43　快速瞬变脉冲群测试各设备连接图

1）受试样品在工作状态下，测试电压为 ±1kV，分别施加于终端的状态量输入、控制输出（≤60V）的每一个端口；测试时间为 1min/次，正负极性各 N 次（N 可设置），重复频率为 5kHz 或 100kHz。

2）受试样品在正常工作状态下，测试电压为 ±4kV 分别施加于终端交流电压、电流输入端、控制输出的每一个端口（±60V）和保护接地端之间。测试时间为 1min/次；重复频率为 2.5、5、100kHz；测试电压施加次数为正负极性各 N 次（N 可设置）。

3）受试样品在工作状态下，测试电压 ±4kV，施加于终端的供电电源端和保护接地端；重复频率为 2.5、5、100kHz；测试时间为 1min/次；施加测试电压次数为正负极性各 3 次。

4）受试样品在正常工作状态下，用电容耦合夹将测试电压耦合至脉冲信号输入及通信线路上。测试电压为 ±1kV；重复频率为 5kHz 或 100kHz；测试时间为 1min/次；施加测试电压次数为正负极性各 N 次（N 可设置）。

（3）合格标准：测试中精度改变量不大于等级指数 200%；测试中容许出现短时通信中断和液晶显示瞬时闪屏，测试后终端应能正常工作。

6.2.4　电能表性能测试

电能表在出厂前需进行功耗试验、电压缓升缓降试验、浪涌抗扰度试验、静电放电试验、快速瞬变脉冲群试验、射频场感应传导骚扰抗扰度试验、射频传导骚扰、高温工作试验、低温工作试验及高温高湿存储试验。

1. 功耗试验

（1）测试设备：功耗测试仪或多功能测试仪。

（2）测试方法及合格标准：在非通信状态下，采用单相供电的多功能电能表，有功功耗应不大于 5W，视在功耗应不大于 25VA；电流回路消耗功耗小于 0.25VA。

2. 电压缓升缓降试验

（1）测试设备：电能表检定装置。

（2）测试方法：

1）被试回路为：电源回路对地、出回路对地、状态输入回路对地、交流工频电量输入回路对地（试验时，应将被试回路的接地线断开，即以上无电气联系的各回路之间、RS 485 接口与电源端子间。

2）干扰电压为±6kV；冲击次数为 N 次（N 可设置）。

（3）试验时，受试样品无闪络、破坏性放电和击穿的现象，试验后，受试样品能够正常工作。

3. 浪涌抗扰度试验

同采集终端浪涌抗扰度试验，此处不再赘述。

4. 静电放电试验

同采集终端静电放电试验，此处不再赘述。

5. 快速瞬变脉冲群试验

同采集终端快速瞬变脉冲群试验，此处不再赘述。

6. 射频场感应传导骚扰抗扰度试验

（1）测试设备：射频场感应的传导骚扰抗扰度试验装置，电能表检定装置。

（2）测试方法：样品在正常工作状态下，按 GB/T 17626.6《电磁兼容　试验和测量技术　射频场感应的传导骚扰抗扰度》的规定。试验条件：频率范围为 150kHz～80MHz；严酷等级为 3；试验电平为 10V（非调制）；正弦波 1kHz，80％幅度调制。试验电压施加于终端的供电电源端和保护接地端，具体各测试设备连接如图 6-44 所示。

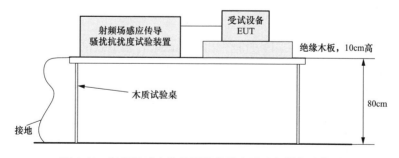

图 6-44　射频场感应传导骚扰抗扰度试验各设备连接图

（3）合格标准：试验时应能正常工作，电源回路、交流电压、电流入回路试验时终端的交流电压、电流测量误差的改变量应不大于等级指数 200％。

7. 射频传导骚扰抗扰度试验

（1）测试设备：射频场感应的传导骚扰抗扰度试验装置。

（2）测试方法：按照图 6-45 连接各测试设备，设置扫频范围为 150kHz～30MHz。

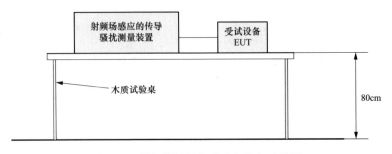

图 6-45　射频传导骚扰试验各设备连接图

（3）合格标准：

1）当频率为 0.15～0.5MHz 时，骚扰限值不超过 56～46dBμV；

2）当频率为 0.5～5MHz 时，骚扰限值不超过 46dBμV；

3）当频率为 5～30MHz 时，骚扰限值不超过 50dBμV。

只要准峰值满足平均值的要求，即可不再对平均值进行测量。

8. 高温工作试验

（1）测试设备：恒温恒湿箱。

（2）测试方法及合格标准：将受试样品在通电状态下放入高温试验箱中央，升温至70℃，保温 72h，样品应能正常工作。

9. 低温工作试验

（1）测试设备：恒温恒湿箱。

（2）测试方法及合格标准：将受试样品在通电状态下放入低温试验箱的中央，降温至−40℃，保温 72h，样品应能正常工作。

10. 高温高湿存储试验

（1）测试设备：恒温恒湿箱。

（2）测试方法及合格标准：试验箱内保持温度（70±2）℃、相对湿度（93±3）％，试验周期为 6 天，试验结束后，样品应能正常工作。

6.2.5　产品缺陷分类

终端设备在运行过程中或在测试过程中出现的缺陷，根据缺陷的性质可分为 A、B、C、D 四类。

1. A 类（致命缺陷）

致命缺陷指产品的在使用过程中有明显障碍直接导致产品失效，大致有以下几类：

（1）产品在正常使用过程中出现反复重启、用户无法正常交易、正常通信等。

（2）产品在正常使用过程中出现死机现象。

（3）产品无法正常通信。

（4）产品无法实现产品技术规范中要求的主要功能。

（5）用户无法根据产品技术规范对产品进行操作。

（6）错误操作导致产品系统直接崩溃。

（7）测试导致产品软件或硬件损坏、数据丢失，造成不能自行恢复至正常状态的功能降低或丧失。

2．B类（严重缺陷）

严重缺陷是指产品在使用过程中会出现了间接导致不能正常工作的故障，但没有直接致命，大致有以下几类：

（1）产品在重要参数计算错误或重要数据发生异常。

（2）产品通信成功率低于产品设计指标。

（3）产品实际通信规约与标准通信规约明显不符。

（4）产品用户交易流程错误或不完整。

（5）产品在使用过程中会在某个固定的隐蔽（不易发现）点上出现致命的伤害（比如出现计量不准确或无法正常计量、正常开关阀）。

（6）产品重要数据信息会因误操作导致丢失。

（7）测试导致产品功能或性能暂时降低或丧失，需操作者干预或复位能恢复正常。

3．C类（一般缺陷）

一般缺陷是指产品在使用过程中出现的故障不会影响产品的正常使用，大致有以下几类：

（1）产品在使用过程中交易流程与产品规范要求不符，但能实现其功能结果。

（2）产品存在的缺陷不影响使用，部分客户可以接受，技术定义缺陷。

（3）个别操作反应延时，超出正常合理时间范围。

（4）产品液晶显示顺序与预期不一致。

（5）测试导致产品功能或性能暂时降低或丧失，能自行恢复，但自行恢复时间较长。

4．D类（提示缺陷）

提示缺陷即测试建议，测试工程师提出的建立能使产品更加人机一体化，大致有以下几类：

（1）产品可操作性不强。

（2）产品液晶显示不够规范。

（3）产品输入输出不够规范。

（4）建议增加功能点，使得产品在应用过程中更科学，但产品规范中未明确该功能点的需求。

（5）引起产品所出现异常现象，并非正常使用所导致，且其异常并不影响产品的正常使用。

（6）产品行业技术缺陷（所有产品都存在，且暂时无法解决）。

（7）测试导致产品功能或性能暂时降低或丧失，但能在5min内自行恢复。

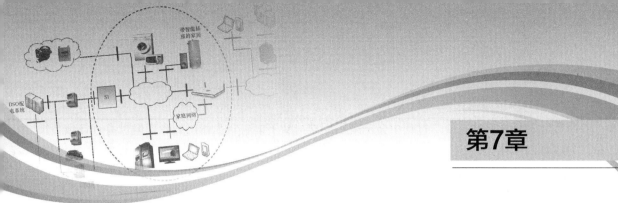

第7章

低 压 集 抄 运 维 技 术

低压集抄系统由于低压客户计量装置数量庞大、运行环境复杂及改造成本较高等原因，在建设过程中会遇到不少问题，系统投运后的运维也存在较大的困难。很多地区低压集抄试点情况良好，但规模化建设完成后抄表成功率就下降了，主要原因就是集抄系统运维没有落实，体现了运维对集抄系统正常运行的极端重要性。本章主要介绍低压集抄系统的安装调试、在日常的运维中为防止发生故障而进行的工程巡检，发生故障后如何对设备进行故障排查和维修更换，以及安全注意事项。

7.1 安 装 调 试

在低压集抄系统的建设过程中，智能电能表、采集器和集中器的安装调试质量直接关系到系统能否正常投入运行并长期稳定运行，也关系到系统后期运维能否顺利开展。本节从智能电能表、采集器、集中器三个方面描述终端设备安装调试的技术要点。

7.1.1 智能电能表的安装调试

1. 单相智能电能表接线

单相智能电能表结构示意及电源接线示意图如图7-1所示。单相智能电能表的进户线一般是电源端子的1号和3号端子，出线是电源端子的2号和4号端子，1、2号端子是相线，3、4号端子是零线，现场应以实际表尾上的标记为准。

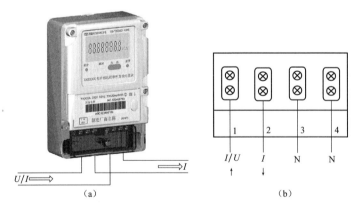

图 7-1 单相智能电能表结构示意图及电源接线图

(a) 结构示意图；(b) 接线示意图

2. 三相智能电能表接线

三相智能电能表结构示意及电源接线示意图如图7-2所示。三相智能电能表的进户线 A、B、

C 三相相线应该分别接智能电能表的 1、3、5 号端子，零线接 7 号端子；出线 A、B、C 三相相线分别接智能电能表的 2、4、6 号端子，零线接 8 号端子。现场应以实际表尾上的标记为准。

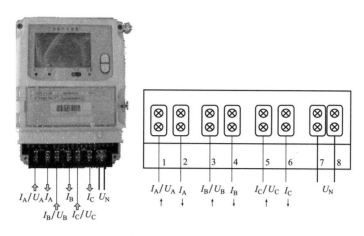

图 7-2　三相智能电能表结构示意及电源接线图

3. 智能电能表安装调试注意事项

（1）智能电能表通信地址。智能电能表通信地址是低压集抄系统中通信的唯一标识，每块表对应唯一的通信地址，不允许系统中有两个同样的通信地址。

上述通信地址规则要求现场安装人员在采集录入表计通信地址的时候，不要使同一只表计重复录入，以保证录入集抄系统的表地址具有唯一性，这也是确保整个系统正常运行的前提条件。同样用户电能表资产编号在营销系统中也是唯一的，只有现场、营销系统和集抄系统中的智能电能表资产编号一致，才能保证终端将正确的电量上送到营销系统中。

（2）避免表计断电。在智能电能表完成安装调试后进行日常维护时，需要注意的是：不管是否切断用户用电，智能电能表必须带电，因为这是采集成功的必要条件，所以应注意避免切断智能电能表进线电源。如果有必须断电的情况，必须在表后断电，保证智能电能表可以正常通信。

7.1.2　采集器的安装调试

7.1.2.1　Ⅰ型采集器接线

Ⅰ型采集器电源接线与单相电子表接线方式类似，区别只在于Ⅰ型采集器只用接电源进线，无出线。注意采集器取电时一定要在电能表箱内的空气开关处或用户进线取电，不能在用户出线处取电，避免采集器出现断电。采集器 RS 485 端口的 A、B 线分别连接到智能电能表 RS 485 的 A、B 端口。Ⅰ型采集器接线示意图如图 7-3 所示。

采集器指示灯说明：

（1）电源灯：上电时，亮绿灯；失电，灯灭。

（2）上行通信灯：红灯闪，上行通道接收数据；绿灯闪，上行通道发送数据。

（3）下行通信灯：红灯闪，下行通道接收数据；绿灯闪，下行通道发送数据。

7.1.2.2　Ⅱ型采集器接线

Ⅱ型采集器接线示意图如图 7-4 所示。图中，红色色线接火线，黑色线接零线，黄色线接智能电能表 RS 485 的 A 端口，绿色线接智能电能表 RS 485 的 B 端口。

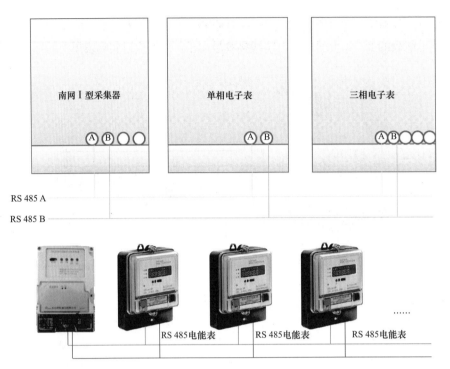

图 7-3　Ⅰ型采集器接线示意图

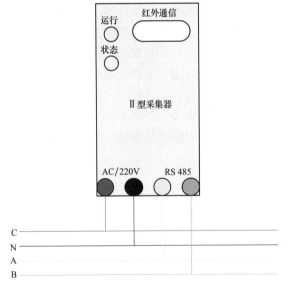

图 7-4　Ⅱ型采集器结构及接线示意图

采集器指示灯说明：

（1）采集器有 2 个指示灯，包括一个运行灯、一个状态灯，安装时注意指示灯闪烁情况，主要观察运行灯和状态灯是否正常。

（2）运行灯，即采集器电源指示灯，为红色单色，正常运行时以 0.5Hz（一次 2s）的频率闪烁。安装时确定此灯正常闪烁，可以以此作为采集器正常上电依据。

（3）状态灯，是采集器通信状态指示灯，红绿双色，其中绿色指示灯指示上行通信，即载波通信状态；红色指示灯指示下行通信，即 RS 485 通信状态。

（4）一次正常抄表过程指示灯闪烁，绿色灯亮一下表明收到一帧完整报文，红色灯亮一下表明报文发送到 RS 485 总线上，红色灯连续闪烁几下表明收到 RS 485 智能电能表的回复数据，绿色灯连续闪烁几下表明采集器将 RS 485 总线的响应数据发送到电力线上。

7.1.2.3　采集器与 RS 485 智能电能表的连接

采集器与智能电能表的 RS 485 线连接示意图如图 7-5 所示。单相智能电能表的 RS 485 端子一般位于辅助端子最右侧（以现场实际 RS 485 端子为准）。三相智能电能表的 RS 485 端子一般位于辅助端子的右侧倒数第 5 和第 4 端子（以现场实际 RS 485 端子为准）。

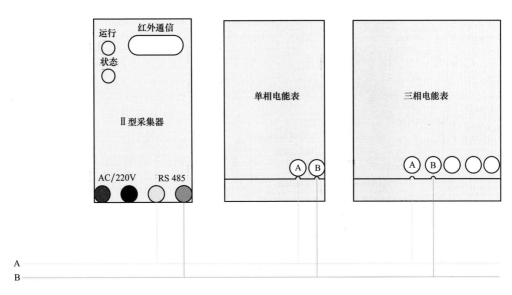

图 7-5 采集器与智能电能表的 RS 485 线连接示意图

采集器与 RS 485 智能电能表的接线应注意如下事项：

（1）智能电能表的 RS 485 接口与采集器连接时应注意连接准确性，智能电能表 RS 485 线与采集器的接线方式一般是采用"手拉手"模式，按顺序连接。

（2）在连接采集器的 RS 485 线到智能电能表时，智能电能表 RS 485 端子一定要保证螺钉上紧，采集器连接到智能电能表的 RS 485 端口要卡紧。确保采集器和智能电能表供电线束接线正确，以及采集器与智能电能表 RS 485 通信线连接正确、可靠，避免虚接、短接。

（3）注意不同厂家智能电能表线束连接的差异，避免错接线束情况。

（4）安装过程中，如发现智能电能表损坏、智能电能表未安装、用户销户、机械表未更换等情况，要做好安装清单上的记录，并通知相关部门进行处理解决，以便后期维护。

7.1.2.4 集中器的安装调试

1. 集中器电源接线

集中器的外观及电源接线示意图如图 7-6 所示。当可以选择集中器位置时，尽量将集中器安装在台区线路的中心位置，大部分台区变压器处就是理想位置，但根据现场情况个别台区集中器可偏移台区安装。尽量将集中器安装于线路的三相电主干线上，尽可能不要装在线路末端。

根据载波通信要求，集中器的三相必须供电，且对地电压均为 220V、三相之间电压为 380V（范围−30%～+20%）。在单相台区要特别注意给 A 相供电，注意保证三相集中器的电压 A、B、C 三根线都并接在单相电上。

2. 安装 SIM 卡及天线

集中器的安装位置必须保证有稳定的手机信号在 GPRS 模块的 SIM 卡槽中装入所需 SIM 卡，并确认安装到位。变压器处无信号时，集中器可安装在有手机信号的地方，否则当召测数据时，可能集中器会无法正常上报数据，影响电量抄收。如果集中器安装于封闭的金属箱，要保证 GPRS 天线拉到箱体外，或采取加装信号放大器等措施，以确保 GPRS 的信号稳定。

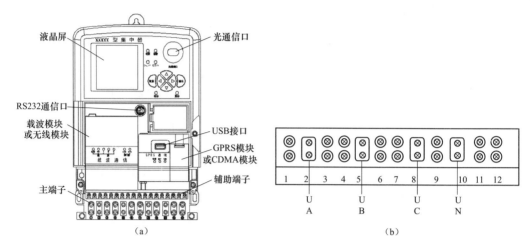

图 7-6　集中器的外观及电源接线示意图

(a) 外观图；(b) 电源接线示意图

3. 确定集中器通信参数设置正确

安装集中器时，对集中器外壳上的终端编码和安装的台区名称要进行记录。确认终端编码与台区是相对应的。

图 7-7　集中器显示屏界面

4. 保证集中器 GPRS 信号良好

观察集中器显示屏左上方的信号指示，如图 7-7 所示，格数反映信号的好坏，格数越高信号越好。安装时调整天线位置，确保信号良好，最好能到达 3 格以上强度。通过观察集中器液晶屏左上角大 G 图标，当图标不再闪烁固定不变，且左下角显示"已登录"时，则表示集中器已经上线。

7.1.2.5　现场施工记录

现场安装采集器和集中器时，一定做好记录工作。需要记录的内容有台区名称、终端地址、采集器编码、电能表资产编号和采集器安装地址等。现场施工记录如表 7-1 所示。

表 7-1　　　　　　　　　　　　　　终端现场施工记录

台区名称：×××台区

集中器地址：××××—××××

SIM 卡号：12345-67890-×××××-×××××

手机号码：

集中器安装位置：某小区某栋某单元

终端是否上线：上线/未上线

采集器编码	用户智能电能表资产编码	采集器安装地址
ABC123445	52B2××××××××××	××小区××栋××单元××楼层

注意：用户智能电能表数量需要与营销系统档案数量一致，保证没有错漏。

7.1.2.6 档案录入

在现场的集中器、采集器按要求安装完毕且通电运行后，应将电能表档案录入计量自动化系统（或用电信息采集系统）。确保集中器安装到位、SIM 卡正常，集中器信号良好并稳定上线与主站通信正常，台区所有机械表均已更换为智能电能表，这些是将电能表档案下发至采集系统的前提条件。

（1）建档。通过营销信息系统，将已安装集抄设备的台区档案（包含台区抄表册号、台区名称、集中器编号、SIM 卡号以及台区内客户名称、编号和电能表资产编号）发给集抄主站的负责技术人员。

（2）新增和修改用户信息。日常运维中，若台区有新增用户或用户更换电能表，需要抄表员将新增的客户名称、客户编号、电能表资产编号和所属台区统计后发给集抄主站的负责技术人员。

7.2 工 程 巡 检

工程运维部门需要定期巡检低压集抄系统各个部分，从而保证低压集抄系统持续的正常运行，本节从系统主站、采集终端、智能电能表三个方面描述常规的巡检内容。

7.2.1 系统主站巡检

通过计量自动化系统（或用电信息采集系统）开展日常监控工作，其工作内容包括但不限于以下内容：

（1）监控所负责辖区的采集主站通信是否正常。

（2）对智能电能表采集覆盖率、采集成功率、抄表通信异常等方面展开监控，并形成相应的主站监控日报、周报和月报。

（3）针对指标的异常波动及采集失败的用户进行分析并制定即时消缺计划，确保采集指标不断稳定提升。

7.2.1.1 系统主站运行管理内容

系统运行管理部门应根据职责分工的要求进行采集系统的运行维护，包含系统运行、终端调试和系统配置管理等内容。

1. 系统运行

（1）数据采集管理。检查采集任务的执行情况，分析采集数据，发现采集任务失败和采集数据异常，进行故障分析并处理采集环节的问题；核对采集数据项，对应当采集而未进行采集的数据进行人工补采，对采集失败的用户进行分析，发现采集故障问题并及时处理。定期统计数据采集成功率、数据采集完整率等，提供各类考核指标的数据报表和分析报告。

（2）系统运行状态监视。包括采集终端的告警、故障、掉线状态监控，采集系统主站设备运行状态监视；采集系统通信信道运行情况监视。监测自建通信信道（如光纤、230MHz 无线专网等）的运行性能，监测租用信道（如 GPRS、CDMA、4G）的运行性能和信道资费情况，发现通信信道异常，应根据有关规定处理。

（3）数据分析。利用系统功能对采集数据进行分析，根据数据异常项或各类告警信息（如计量异常、用电负荷、电量异常、开关量异常、预付费信息异常等），进行分析判断并做好记录，发起相关业务流程，或提交专项检查。

（4）数据核对。配合业务应用部门的工作，开展采集数据正确性的检查和确认工作，查找原因，分析解决问题。

（5）数据统计。按地区、行业等对采集数据进行统计分析，完成全省供用电情况的月、季、年报表统计工作。

（6）有序用电操作。配合编制有序用电方案，对政府批复的有序用电预案，在系统内进行执行方案的编制，对于需要进行终端预设的，进行相关操作。

按照系统预案和调度指令，进行有序用电操作，包括方案选取、控制执行、效果统计。

（7）预付费操作。按照预付费管理要求，配合预付费业务部门进行各类客户的预付费电量、电费及各相关参数的设置、变更、购电单以及购电异常的处理和停电处理。

（8）违约用户停电。按照有关规定和流程，对于需要停止供电的违约用电户，配合业务部门进行远程停电操作。

2. 终端调试

（1）档案维护。根据流程传票，进行所辖范围内用户、采集装置档案信息的建立和维护。配合现场调试人员进行系统信息与现场信息的核对，并根据核对结果进行维护更新。

（2）参数设置。配合现场安装维护人员，进行采集终端各项参数设置和指令下发，测试各项控制指令执行情况。

（3）采集调试。配合现场安装维护人员，对现场采集终端接入的所有采集对象（抄表信息，遥信、遥控信息和其他采集对象）进行功能调试和试采集，核对采回信息与现场信息，确保完全一致。

3. 系统配置管理

（1）系统配置。对系统运行参数进行配置管理、系统业务和岗位权限分配工作，及时备份系统配置文档。

（2）自动采集任务配置。根据采集系统采集的功能需求和信道特点，以地市为单位编制自动采集任务，确保采集系统的自动、高效运行。自动采集任务包括自动抄表任务，负荷、电量采集任务，异常信息采集任务等。自动采集任务经过省级电网公司运行管理部门审核后启用。

7.2.1.2　系统主站维护

系统主站维护包含日常巡视、数据备份、系统安全等工作内容。

1. 日常巡视

应每天查看一次数据库日志记录，每周一次查看操作系统、应用软件日志记录，对异常情况应在值班日志中填写。

2. 数据备份

（1）系统软件：每年在要求日期之前，各级运行维护部门利用移动硬盘、光盘或异机备份方式各做一次与运行中软件一致的软件备份，软件备份存放在安全的地点。

（2）历史数据备份：对于超过历史库保存期限的历史数据，利用磁带库或其他备份介质进行备份。

（3）移动硬盘等备份介质应有专人保管，各种数据备份工作应做好数据备份记录。

3. 系统安全

严格执行密码管理制度，每项操作功能设置独立权限，并有操作记录。严格执行防病毒措施，数据库服务器有必要的入侵检测手段。采集系统应配置为每天下载病毒库，系统管理员应定期（每周一次）进行检查。

7.2.2 采集终端巡检

1. 采集终端的运行维护

（1）定期对采集终端进行巡视，发生故障时及时检修和调试，确保采集终端能正确完整的采集并上传电能信息，保障低压集抄系统的稳定运行。

（2）现场维护人员接收系统主站运行或业务传递的采集终端安装要求，制定安装工作任务单，准备安装材料，派工进行现场安装。

（3）在巡视过程中仔细检查相关设备，如发现漏洞及时处理或安排现场检修。

（4）配合主站相关人员做好维护工作。

（5）保管好工作中需要用到的仪器设备，及时归档各种技术资料。

2. 采集终端的实时监控

在运行管理时，还需对采集终端的运行状况进行实时监控，工作内容应包含如下几点：

（1）监控和分析采集终端的运行情况，协调处理各种异常情况，并对所负责辖区内的各类异常信息进行汇总。

（2）依据采集终端的运行状况定期核对对应采集终端的运行状态（包括运行、检修、故障等），并依据最新运行状况及时修订。

（3）根据相关流程，建立和维护辖区内用户、采集设备档案信息。配合调试人员核对现场信息，如有变动及时更新。

（4）在安装和维护现场，设置和下发采集终端参数，并核对系统参数、现场参数和其他业务系统的参数，如有不同进行修改或者发起传票。

（5）在安装和维护现场，对用户所有接入的抄表信息，遥信、遥控信息和其他采集对象进行功能调试和采集测试，核对采集到的信息与现场信息，确保一致性。调试的过程中保留相关调试记录。

（6）通过对系统设置各异常事件的参数阈值，一旦超过阈值及时报警，并自动按照事件类型进行记录和预处理。如发生类似采集设备参数异常等非现场类故障，可以通过核对参数，维护参数等方法来处理故障。对于现场类故障，应利用系统功能按照维护工作任务的流程，及时通知相关人员到达现场维护。

3. 采集终端的现场巡视

采集终端的现场巡视按照巡视时间周期来划分，可以分为定期巡视和特殊巡视。定期巡视是指按照提前制订的周期计划，进行的现场巡视，定期巡视也是常规性的巡视；特殊巡视指计划外的因发生特别事件而临时增加的对采集终端的现场巡检。

巡视内容包括但不限于以下内容：运行状态、运行参数、通信状态、所采集的智能电能表地址、规约、读数是否正常；所接数据采集线、电源线是否正常；终端箱是否漏水、锈蚀；开启是否正常；通信天线是否牢固；终端安装方式是否符合规范；对终端和电能表系统档案与现场实际核对，核对终端和智能电能表对应关系是否正确；SMI 卡序列号是否与终端绑定信息一致等。巡视后填写采集终端现场巡视维护记录单，在发生计量变更等杂项业务的情况下，对终端进行现场及主站联调等相关工作，保证业务变更后的电能表主站采集数据正常。根据现场巡视结果对不符合要求或有安全隐患的终端制订消缺计划。在维护过程中，应同步完成采集设备现场照片及经纬度等相关信息，并在相关系统内进行同步完善和更新。

在日常巡视中，可按照以下步骤来检查采集器的是否正常运行：

（1）采集器的电源指示灯是否处于亮灯状态，如果处于熄灭状态则需要查看电源或者电源线是否发生故障。

（2）正常情况下，采集器的告警灯应当处于熄灭状态。

（3）当采集器接收到集中器的通信信号时，上行灯处于闪红灯状态，采集器发出应答时，上行灯处于闪绿灯状态。

（4）当采集器向智能电能表发送信息时，下行灯处于闪绿灯状态，接收之智能电能表的信息时，下行灯处于闪红灯状态。

（5）任意选择几块电能表，并且执行查询测量点参数命令，检查采集器的抄表功能是否正常。正常情况下，采集器应正确显示测量点的数据，如不显示数据或者显示有误则按照故障处理。

7.2.3 智能电能表巡检

（1）观察智能电能表的电源指示灯是否亮，如不亮，检查用户是否存在欠费或窃电。

（2）检查智能电能表的液晶显示区域，是否出现告警。

（3）检查智能电能表采集箱是否正常、智能电能表铅封应保持完好无损，表箱需要保持完好无损。

（4）检查表箱封印或封条情况。

（5）填写巡检记录表。

7.2.4 升级工作

低压集抄系统的升级工作内容包括系统软件升级、采集终端和智能电能表升级。

（1）系统软件升级。主站系统软件升级将由主站系统供应商进行升级，完善功能需求，升级方案需要提前报省电网公司职能管理部门或计量中心批准后，严格按照升级步骤进行升级操作。

（2）采集终端、智能电能表升级。根据现场需求及各供应商设备情况，由设备供应商或作业人员在供应商指导下进行设备升级，完善设备功能需求，设备升级需要将升级内容、升级步骤及规范提前报省级电网企业职能管理部门批准后执行，需严格按照规范进行升级操作。

7.3 故 障 排 查

在故障排查前期，作业人员需认真细致地做好施工准备工作，充分发挥各方面的积极因素，合理利用资源，对加快故障排查处理速度、提高服务质量、确保施工安全、降低维护成本及获得较好经济效益都起着重要作用。

在低压集抄系统出现故障时，采集运维的一般故障处理流程示意图如图7-8所示。

7.3.1 准备工作

为了更好地、安全地完成低压集抄系统的故障排查工作，保证终端上线率和完整率，在开展施工工作前需要了解及准备如下方面的内容：

（1）建立顺畅的沟通渠道。设备厂商运维人员在进行现场消缺工作之前，应向供电企业相关人员通报，供电企业接到通知后安排相关人员配合运维人员的现场工作。

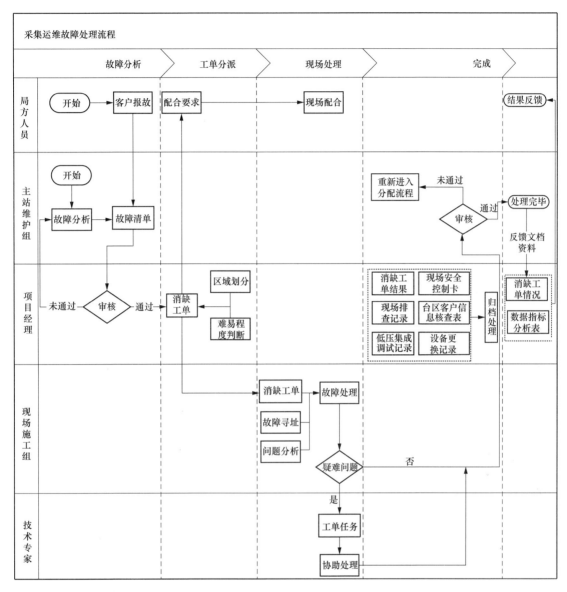

图 7-8　故障处理流程示意图

（2）施工方案编写及资料准备。实施施工前，应编写施工方案，准备施工现场平面草图、台区资料，并且绘制拓扑图。施工人员应熟悉施工方案。先建立初步的故障排查采集器/集中器列表，由于采集器和集中器厂家比较多，因此要统一收集相关采集器/集中器厂家的技术维护资料、相关操作手册，以方便技术人员在现场施工维护。

拓扑图为现场运维提供了方便，在此，列举某农村台区拓扑图绘制如图 7-9 所示，某城市小区台区拓扑图绘制如图 7-10 所示。

从图 7-9、图 7-10 中可以看出，农村台区的表计分布情况较为分散，而城市小区的台区表计分布则较为集中。

（3）现场查勘。在进行现场勘查时，按照区域主要分农村地区、城区、城乡结合区三类，一般情况下，农村地区较为偏远，电能表分布比较散，一般在施工时，1 台智能电能表

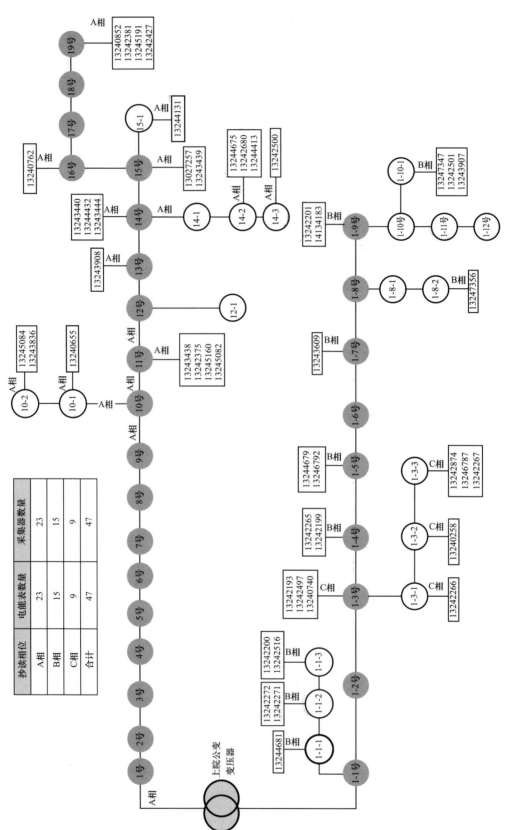

图 7-9　某农村台区拓扑图示例

抄读相位	表计数量	采集器数量
A相	60	4
B相	61	4
C相	56	6
合计	177	14

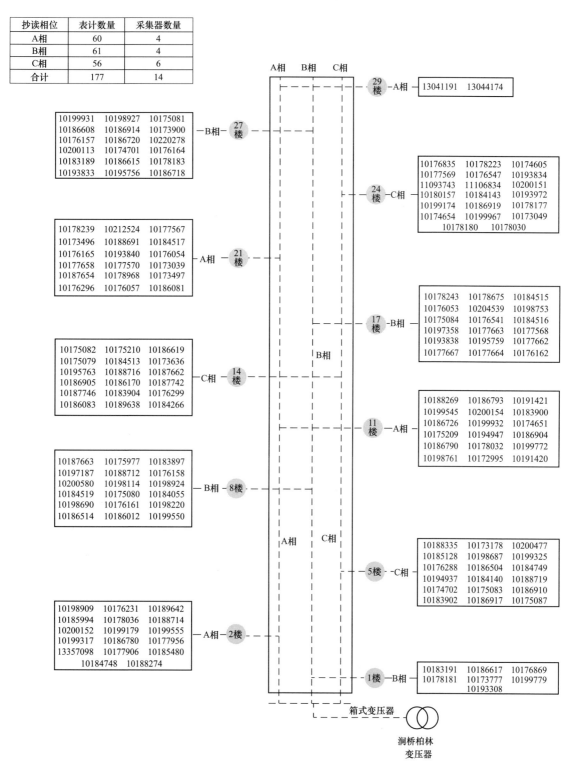

图 7-10 某城市小区台区拓扑图示例

接 1 台采集器；城乡结合区的表计相对集中；而城区则多是住宅小区，较为集中，一般 1 个表箱用 1 只采集器。

（4）工器具准备。

1）准备需要更换的电能表、终端/集中器、RS 485 线及现场所需的材料及配套施工工具（如螺钉旋具、万用表等相关工具）。

2）统一配套通信工具，比如手机或对讲机、掌机（或抄表机）、电力线载波通信抄控器等，以方便项目员工之间的交流，同时配合与主站进行联调。

3）准备 RS 485 线、表箱或单元门的钥匙等。

4）准备施工机动车辆，方便现场施工。

7.3.2 排查流程

在低压集抄系统运维时，现场调试排查的典型流程如图 7-11 所示。

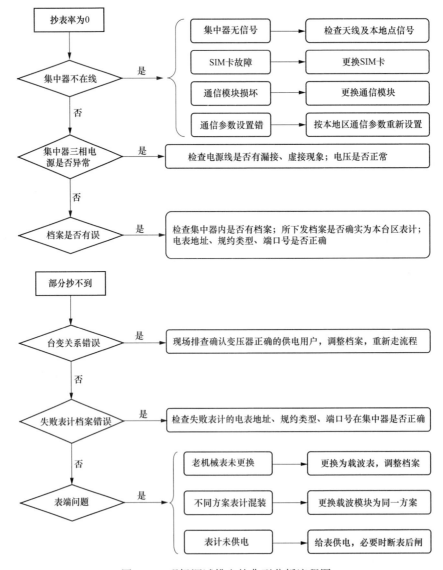

图 7-11　现场调试排查的典型分析流程图

7.3.3 采集终端故障排查

7.3.3.1 采集终端常见故障及解决方法

采集终端常见故障及解决方法如表 7-2 所示。

表 7-2 采集终端常见故障及解决方法

问题	现象	原因	解决方法
上电后采集终端不运行	电源指示灯不亮	电源无电压或电压值超出正常范围	检查有无通电，若通电正常，再测量电源电压是否在正常范围内
不能与电能表通信	不能通过手抄器、集中器查询测量点当前数据；不能通过手抄器、集中器采集测量点实时数据	电能表 RS 485 接口的 A、B 端接反、断路或短路	检查接线，用万用表测量 RS 485 接口的 A、B 端，电压正常范围为 2.0～4.5V。如果测得的电压为负值，说明 A、B 端可能接反，请将 A、B 线互换；如果测得的电压为 0，说明 A、B 端可能断路或短路。一般情况下，厂家生产的采集器的黄色连接线接电表的 RS 485 A 端，绿色连接线接电表的 RS 485 B 端
		测量点档案中的智能电能表通信协议与现场实际不符	核对智能电能表的通信协议，在系统主站总重新设置测量点参数档案中的通信协议
		测量点参数档案中的通信波特率与智能电能表实际不符	核对电能表的通信波特率，重新设置测量点参数档案中的通信波特率
		电能表与采集器距离太远或受到严重干扰	RS 485 通信的理论距离约 1000m，当接入较多电能表时，为保证通信质量，建议距离不超过 600m（通常情况下，一个采集器下面最多接 32 块电能表）。通信线必须采用屏蔽线，线径为 0.5～2.0mm，且布线时不宜与电力电缆长距离并行铺设
不能与主站通信	不能与集中器通信	通信模块没有可靠接入采集器中	检查通信模块确保其可靠接入
		采集器中通信通道参数设置错误	将采集器中通信通道参数设置正确
信号问题	不上线	天线信号强度弱	检查是否天线接触不良或者天线本身损坏，此时更换好的天线进行检测
		地区信号强度弱	如果是集中器地点信号问题，需由维护方联系供电部门询问是否可更换集中器安装位置。比如农村偏远地区或者小区的地下室电井房，信号都较弱
SIM 卡问题	不上线	集中器内未插 SIM 卡	插入 SIM 卡
		SIM 卡已经欠费	SIM 卡缴费
通信参数问题	不上线	参数设置错误	检查通信参数如 IP 地址、端口号、集中器 ID、APN 等是否按本地供电部门要求设置正确，具体参数内容咨询本地供电部门
集中器参数问题	不上线	集中器未设置工作时段或者集中器时间不准确	重设集中器参数
集中器供电问题	不上线或上线不抄表	集中器未供电或者集中器 A 相未接电压（在单相台区要格外注意这个问题），零线虚接，相线零线接反，三相对地电压超过要求的范围（过大或过小）	重新接线

问题	现象	原因	解决方法
多变压器台区	抄表效果差	其存在共地或者跨10kV相互干扰问题，且测量点有串台区可能	错开两台集中器的抄表时段或者将二者挪开一定距离来解决，以上操作必须跟当地供电部门相互沟通协调后再给予解决，观察线路，确认未抄测量点是否属于串台区，若是，则需要在主站档案修改
工作时段	抄表效果差	集中器工作时段不够，在规定的工作时段内无法完成抄表工作	维护方跟当地供电部门沟通协调是否可以调整工作时段
GPRS模块问题	不上线	GPRS模块本身已经无法正常工作	需及时更换新的GPRS模块，重新按要求连线后，观察其工作状态
集中器本身问题	不上线或上线不抄表	集中器本身已经无法正常工作	需及时更换新的集中器，重新按要求连线，在设置正确的通信参数后观察其工作状态

7.3.3.2 RS 485 故障排查

在 RS 485 线路发生故障时，首先检查采集终端或智能电能表的参数设置，如果参数不正确，则重新设置参数；如果参数正确，检查 RS 485 接线，接线发生故障时重新接线；如果 RS 485 接线正确则人工判断设备的 RS 485 接口是否正常，判断采集终端或智能电能表的 RS 485 接口是否出现故障，如果是则更换采集终端或智能电能表，如果检查发现是通信线发生故障则更换线路，然后重启采集终端或各电能表，等待设备正常开机后重读数据，如果正常则结束，不正常则重新排查。具体 RS 485 故障处理流程如图 7-12 所示。

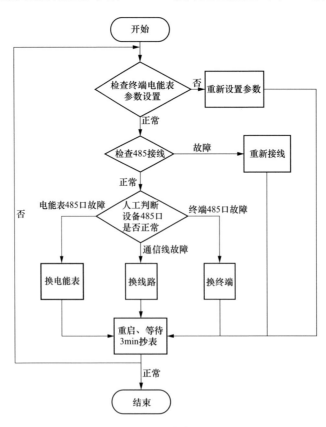

图 7-12 RS 485 故障处理流程图

完成采集器与现场电能表的接线后，在正式调试之前，需要按照以下方法仔细检查整个回路的接线是否正确，防止线路接错烧坏电路：

（1）按照接线的颜色直接区分，该方法最为快捷直接。

（2）对线法。在无法按照颜色直接区分不同线缆时，可以采用对线法来区分每根线缆。对线法的操作方法是：先把某一根线缆接地，然后测量线缆的另一端每根线的对地电阻，如果某根线缆的对地电阻很小甚至为零，则可以判断此根线缆是接地的那根线缆。

（3）测量电压法。用万用表测量采集器 RS 485 端口的 A 与 B 之间的电压值，如果测量得到的电压值在 2V(DC) 到 4.5V(DC) 之间，则回路连接正常；如果测量得到的电压值为 0V(DC) 或近似于 0V(DC)，甚至为负值，则该回路中表计有连接有误，此时应当对该回路中每块表计进行检查，查看回路中是否有某块表计的 A、B 端接反或短路。

注意：当电能表的数目较多时，建议在每接完一块电能表后都进行一次 A、B 端的电压测量，以确保一次接线成功。在电能表接线时，可根据电力线路的特点和现场电能表的远近，合理地把电能表分配到 RS 485 通道上，并做好记录，便于档案录入。RS 485 总线的通信距离不超过 1000m。

在接线正确的前提下，可以采用以下方式排查通信不成功的节点：

（1）在总线上有数据通信时，用示波表测试 A、B 上的信号波形。如果 A 端子相对于 B 端子的电压在高电平时低于 0.8V(DC)，或低电平时大于 −0.6V(DC)，通常为总线上节点数过多，或总线长度过长。可以通过减少节点数或缩短总线长度来解决。

（2）总线上有一段连续节点通信失败，这种情况下一般是由其中的某个节点发生故障造成的。单个节点故障会导致后续的部分节点无法正常通信，因此需要逐一排查该段线路的每个节点，直至找到故障节点。

（3）如果总线上存在个别被动节点始终通信失败，可以将这个节点取下 RS 485 总线，用笔记本电脑通过收发器（RS 232 转 RS 485 收发器或 USB 转 RS 485 收发器）连接到该节点的 RS 485 通信口，用笔记本电脑中的软件来模拟主动节点与其通信，判断该节点是否发生故障。

（4）系统大部分情况下能够正常通信，但偶尔会通信失败。这种情况下有可能是因为网络布局的不合理导致系统的可靠性处于临界状态，此时最好改变布线模式，不要采用总线结构。

7.3.3.3　载波通信抄读故障排查

当载波电能表抄读数据出现故障时，首先通过手持终端扫描故障表计条码，得到电能表档案参数，通过手持终端对电能表进行参数校验，如果参数有误，则通过手持终端修改参数，结束故障处理；如果参数正确，则进行表前载波测试，连续三次通信失败，则更换载波模块；如果是通信不稳定，判断是否存在干扰源或距离较远，如果是则加装中继器；如果仍然抄读不稳定，需要手工调节路由节点，观察效果直至通信正常。具体处理流程如图 7-13 所示。

7.3.3.4　上行通道

以 GPRS 无线通信模块为例，建立正常通信流程需要经历如下步骤：

通道类型—GPRS—正在拨号—信号强度—31—SIM 卡查询（不可见）—中国移动/联通/电信—设置 APN（不可见）—设置用户名密码成功（部分厂商的无线通信模块需设置该步骤）—Attach 成功—正在协商 LCP—正在身份验证—OK-链路建立—正在 Connect...—Connect 成功—正在注册—注册成功—正在与主站通信。

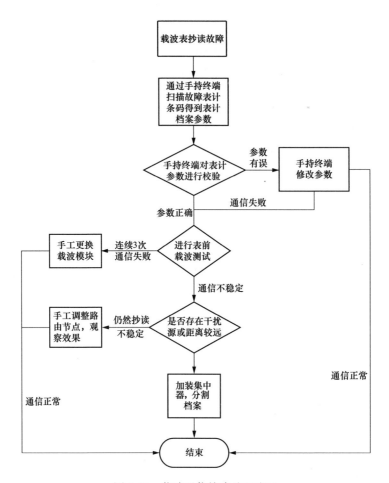

图 7-13　载波通信故障处理流程

链路建立成功后，会增加正在发送心跳—心跳返回正常。

各种原因都可能导致无法正常通信，具体排查时需要根据实际情况进行分析，以下是一些常见故障情况及处理方法。

1. 集中器登录主站时，状态栏总是提示"Attach 失败"

（1）故障分析：拨号过程中 Attach 动作（Attach，即上线或通信正常）是为了验证通信模块中 SIM 卡是否开通了 GPRS 服务并且是否在网络服务区内。而造成终端显示"Attach 失败"的原因有很多种情况。

（2）解决方案：

1）SIM 卡忘记插入通信模块，此时，可以在通信模块中插入 SIM 卡。

2）通信模块中使用的 SIM 卡是无效卡，可能因为未开通 GPRS 服务、SIM 卡被列入黑名单、欠费停机、SIM 卡超过有效期、SIM 卡未正常登记身份信息等导致无效。此时，可以使用该 SIM 卡致电运营商弄清具体状况后再确定是否更换新卡。

3）片区内的移动网络内部发生故障，从而导致"Attach 失败"。此时，可以使用正常上网的手机或无线上网卡来测试移动网络是否正常，如果也通信失败，基本可以判断是移动网络发生了故障，可以向当地运营商客服人员报修。

2. 集中器登录主站时状态栏显示"信号强度——99"后通信模块"不再响应"

（1）故障分析：当通信模块检测到的无线信号强度显示 99 时，表示上电后通信模块没有登记到可用的移动网络，此时，终端会不断尝试和移动网络建立连接，不同无线环境下配置的连接周期设置不同，终端与移动网络建立连接的间隔时间也会有差别，经过多次的实际环境测试，在各种恶劣环境影响下，最长的建立连接时间在 15min 左右，终端会重新发现网络并登录到主站。由于建立连接时间过长，容易给施工人员造成通信模块"不再响应"的假象。

当集中器安装位置为信号盲区时以及集中器 GPRS 模块天线未安装或连接不良时，同样会出现此情况。

（2）解决方案：

1）对无线信号强度显示 99 的情况，集中器可自行恢复。

2）对集中器安装位置为信号盲区的情况，可以加装信号放大器或者使用外置长天线将天线移位。

3）对 GPRS 模块天线未安装或连接不良的情况，可重新装好天线检查天线连接是否牢固。

3. 集中器登陆主站时状态栏总是显示与主站连接失败

（1）故障分析：采集终端成功登录移动网络并且获取到 IP 后，将会发起与远端前置机建立连接的请求，终端菜单上面显示"正在 connect…"，如果连接失败则会显示"connect 失败"。

造成连接失败的主要原因有：

1）终端"通信通道设置"未能正确设置主站 IP、端口、网关。

2）远端主站还未启动或工作异常。

3）移动网关到主站之间的网络发生故障。

（2）解决方案：

1）针对原因 1），检查集中器参数设置，并设置正确参数。

2）针对原因 2），确认主站端是否存在问题，前置机是否打开。

3）针对原因 3），可咨询运营商，确认问题。

4. 集中器登录主站时显示与主站注册失败

（1）故障分析：终端通信模块连接建立成功后会发送登录报文给主站，只有注册成功终端才能与主站建立正常通信。终端注册失败主要原因有：

1）未正常启动系统主站的软件系统服务。

2）系统主站的档案登记信息中没有对应终端。

3）集中器实际使用的终端通道类型和主站设置的终端通道类型不一致，比如主站设置的终端通道编号不是"GPRS 公网"。

4）网络发生故障。

5）集中器主站地址和端口设置不正确。

（2）解决方案：

1）检查系统主站地址和端口设置是否正确。

2）检查系统主站中对应终端的地址和通道编号设置。

3）检查集中器到系统主站的通信网络是否正常。

4）察看通信方式（UDP 或 TCP）与主站设置是否一致。

5. 关上柜门发现终端掉线，开启柜门后，采集终端偶尔可以正常上线

（1）故障分析：这是因为关闭柜门后，柜门屏蔽了大部分上行通信信号，导致通信信号较弱，以至于柜内的上行通信模块的内置弹簧天线无法正常接收通信信号，或者接收到的信号太弱而导致终端掉线需要重新拨号并连接网络。一般在箱式变压器内比较可能发生这种情况。

（2）解决方案：可以尝试用车载天线替换内置弹簧短天线，因为测试发现车载天线要比内置弹簧短天线的灵敏度高，或加装其他外置天线。

6. 通信模块可以正常拨号并有信号强度显示，但是无法通过身份验证并且获取 IP 地址

（1）故障分析：

1）在搬运和安装过程中可能会导致终端的通信模块松动或者现场环境的长期高温环境也可能使通信模块发生变形扩张，从而导致终端上的 SIM 卡插槽发生松动，造成 SIM 卡接触不良。

2）SIM 卡表面存在灰尘或者由于异常高温和现场环境的空气污染，都可能使 SIM 卡表面的铜膜发生氧化反应，此种情况下也有可能产生上述故障。

3）终端天线发生松动，或者天线接口处在长期异常高温下发生氧化，也有可能导致该现象。

（2）解决方案：针对此种情况，可以取出终端中的 SIM 卡，将 SIM 卡表面的污垢清除干净后重新装入终端，同时检查确认终端的天线连接接口正常，当现场信号强度达到标准的情况下，问题得到解决，否则可以更换终端通信模块。

7. 终端显示的信号强度只有一格，终端无法获取 IP 地址，无法注册，重启后也没有提示信息，检查后却发现周围的信号强度能够达到标准

（1）故障分析：这种故障有极大可能是由于终端的通信模块损坏或者 SIM 卡损坏、SIM 卡数据缺失等原因造成的。

（2）解决方案：首先排查是否由于 SIM 卡损坏造成，可用一张确信能够正常使用的新卡替换终端中旧 SIM 卡，然后重启终端，如果能够成功连线登录说明旧的 SIM 卡发生故障，可更换新卡。

通过上述步骤仍然不能解决问题，可查看终端通信模块上的指示灯是否能正常显示，如有某个指示灯不能正常显示，则终端通信模块可能存在问题，可以更换终端，并把故障终端寄回原厂商修理。

7.3.3.5 微功率无线通信故障排查

微功率无线采用电磁波进行数据通信，通信介质不可见，现场故障排查难度较大，现场常见问题及基本解决办法如表 7-3 所示。

表 7-3　　　　　　　　微功率无线现场常见问题及基本解决办法汇总

序号	出现的问题	可能导致的原因	基本解决办法
1	系统主站离线，现场集中器在线	逻辑地址设置错误（集中器标牌和内部系统主站设置不一致）	系统主站重新设置终端逻辑地址码（例如逻辑地址设置为 01170123）
		现场集中器更换过（现场集中器 ID 与主站数据库中对应不上）	系统主站重新维护该集中器档案信息，系统主站档案信息需对应现场该集中器地址

序号	出现的问题	可能导致的原因	基本解决办法
2	集中器离线	IP、APN 设置错误	重新设置系统主站 IP（例如：IP 地址为 192. 168. 16. ***，端口号为 9003（TCP 非压缩）或 9004（UDP 非压缩），APN 为 gongdian. wf. sd）
		手机卡 IP 未绑定或未插好	把手机卡插好，重启集中器，大约 2min 后在液晶屏幕上显示"终端管理与维护"的 IP。如果 IP 不是 10. 14. ***. *** 或者 10. 15. ***. *** 或者 10. 16. ***. ***，说明是手机卡在运营商绑定时出现问题。联系运营商重新绑定，或者换卡
		天线折断或者现场 220VAC 工作电源没有接好，采集器无电源。现象是电源灯不亮	重新安装损坏部分
		采集器天线没有放置到空旷位置，没有拉伸。现象是抄表不稳定地方信号弱，导致离线	尽量把集中器 GPRS 天线延长，或者联系运营商解决信号问题
		无线模块灯长期不闪烁，集中器或者采集器无线模块损坏，导致离线	在其他导致离线的问题都已经排除的情况下。重启集中器，2min 后用掌机抄第 9 项，查看 PPP 的 IP 如果是 0. 0. 0. 0 请稍后（不用重启大约 2min 后）再看看仍然是 0. 0. 0. 0，重试过多次，并且 APN 设置没有问题此时可以怀疑无线模块损坏，更换无线模块再试。注意：更换无线模块后不需要重新设置各种参数，不需要换手机卡
3	全部不抄表	智能电能表的 RS 485 线未接好，应该接抄表口，如果接到维护口，会导致全部抄不上表；智能电能表的 RS 485 线路接错，常见有短路、短路、反接等	断电，将 RS 485 线摘下，用万用表的直流电压挡，量程在 20V 之内，量 RS 485 的两根线，是否为 4.5V（DC）左右。如果不是，则需检查接线
		开始可以抄表，后期抄表失败	断电，先检查 RS 485 线，再用万用表测量集中器 RS 485 端口的直流电压。重启集中器，需系统主站确认远程费控延时参数小于 20s
		通信规约、速率错误，抄表失败	主站重新下发档案
		测量点类型设置错误，导致系统主站召不上数	
		端口号设置错误	
		集中器中测量点丢失	前期升级失误导致，需重新下发测量点设置
		采集器未组网	液晶面板：终端管理与维护—无线调试—调谐器状态；调谐组网状态显示的是集中器无线模块状态，若 ID 号不是 0～9 中间一个，说明集中器无线模块用问题；当前组网状态：此处显示总共档案里面采集器数量，未组网的数量以及未组网采集器逻辑地址。组网异常数量以及组网异常采集器逻辑地址

序号	出现的问题	可能导致的原因	基本解决办法
4	个别智能电能表抄表失败	RS 485 线未接好或接错，导致某多台智能电能表无法通信	单独检查抄不上表的智能电能表 RS 485 接线，或者摘下 RS 485 线，单独量智能电能表的 RS 485 端口的直流电压应该在 4.5V（DC）左右
		通信规约、速率错误，抄表失败	检查集中器测量点设置
		在主站集中器某个测量点建档不全，导致需求侧中没有该智能电能表信息也无此智能电能表数据	重新检查主站档案、建档
		智能电能表更换过但档案及集中器处未及时维护，导致无法通信	
		携带智能电能表数量超过限制	采集器 RS 485 端口标准驱动能力为每个端口可最大接入 32 台智能电能表工作节点，考虑现场安装时由于距离不同，通信质量不同等因素，建议每个端口接入数量不超过 20 台智能电能表工作节点
		RS 485 线距离过长	抄表线最大长度建议在 200m 以内
5	智能电能表示数和抄表读数不一致	主站测量点和现场测量点配置顺序不一致	更换配置主站或集中器上的测量点使两边顺序一致
		智能电能表本身问题	更换智能电能表

7.3.3.6 采集终端离线故障排查

当采集终端出现离线时，首先需要通过手持终端判断是否有信号，如果没有通信信号则联系运营商处理；如果有信号，则查看信号强度，信号强度低于 12 则需手动更换天线，如果更换天线后信号仍然处于离线，则联系运营商。在信号正常后，通过手持终端判断终端通信参数是否正确，不正确则重新设置，如果正确则手动判断 SIM 卡是否正常；再判断通信模块是否正常；最后判断终端是否正常，依次更换配件直至正常上线。具体离线故障处理流程如图 7-14 所示。

7.3.3.7 电能表更换时注意事项

由于 RS 485 为总线连接方式，一路 RS 485 下的所有电能表均连接在一对通信线上，因此为防止因换表而导致该路 RS 485 下其他电能表中断与采集器的通信联络，在拆卸电能表时应保证 RS 485 通信线的 A 和 B 不要短路，且各自处于导通状态。在更换电能表完毕后，要记住在集中器的电能表档案中做相应的更改，重新设置表址，并进行一次当地随机抄表以确保安装正确。

7.3.3.8 采集器增加电能表时注意事项

当采集器增加电量采集点，增加电能表时，应注意以下几点：

（1）电能表的 RS 485 通信线应接在表盘内的接线端子排上，再用跨接线连接到采集器的 RS 485 通道接线端子上，不应直接接入采集器上，以免因接线插拔接线端子导致其他通道的通信中断。采集器增加表计接线示意图如图 7-15 所示。

（2）在集中器中加入新电能表档案，在第一次采集成功后，测量点档案和智能电能表地址自动设置在采集器中。

7.3.3.9 采集器时更换注意事项

当采集器出现不可修复故障而需要更换时，应按照以下步骤进行：

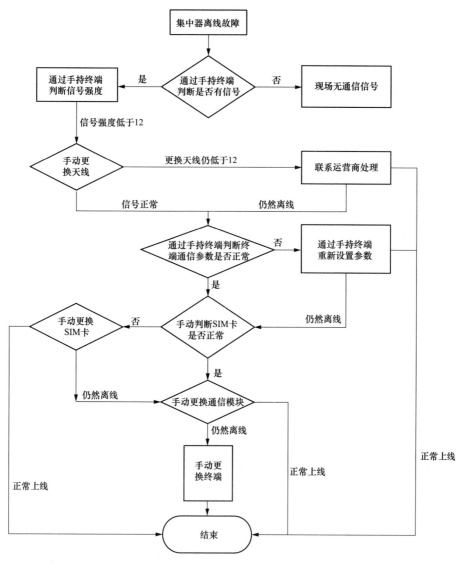

图 7-14 采集设备离线故障处理流程

（1）更换前通知系统主站将采集器保留的历史数据采集到系统主站中，若通道故障者通过采集器维护 RS 485 与笔记本电脑相连，并将采集器内的电量历史数据采录下来（在仍能调出电量数据的情况下），输入到系统主站数据库中。

（2）若采集器出现永久性故障无法与其通信时，请用户做好标识，将采集器返回厂家，由厂家负责数据处理。

（3）更换前必须记录好采集器测量点档案、采集器地址、通信参数等参数。

（4）更换时先将采集器的电源线拆掉，然后再将 RS 485 通信线拆掉，然后再卸掉采集器。

（5）依据采集器说明书中的"安装、调试注意事项"要求，安装上新的采集器。

（6）采集器上电运行后，依照前述步骤保存的参数内容设置新采集器的参数（要确保新采集器参数内容与原有采集器参数内容一致），更安全的办法是由主站设置。

（7）本地查看测量点数据，以确保每块电能表均正常接入到采集器。

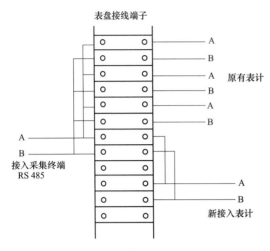

图 7-15 采集器增加表计接线示意图

（8）测试与系统主站的通信。

7.3.4 电能表故障排查

当接到用户的停电故障报修时，按照现场故障排查清单确定现场智能电能表的掉电情况是属于正常停电，还是表计故障；如果是电能表故障，则记录用户信息，填写工单通知更换；如果是属于正常停电，则判断用户是否欠费；如果是欠费用户，记录信息通知管理人员催费；如果是智能电能表未上电，判断用户是否是自行断电；自行断电的用户，记录用户信息，在系统中进行停用标记；非用户自行断电的用户，记录信息后，反馈管理人员进行上电操作。其处理流程如图 7-16 所示。

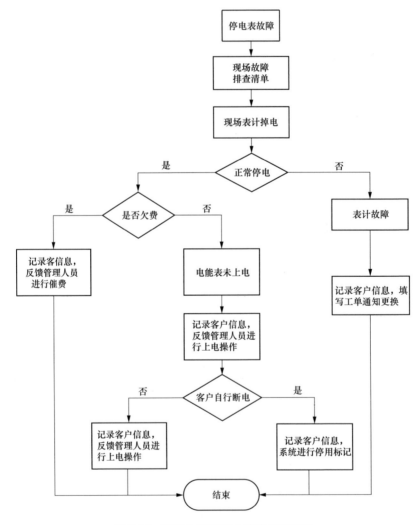

图 7-16 智能电能表停电故障处理流程

用户用电现场常常因为各种原因导致智能电能表停电，检修人员在确定是设备本身问题后，需要对各类原因进行现场分类核对，针对每类问题采用不同的处理方式。

智能电能表常见故障及解决方法如表 7-4 所示。

表 7-4   智能电能表常见故障及解决方法

问题	现象	原因	解决方法
档案问题	上线不抄表或抄表效果差	可能是由于表号格式、表端口号、数据标识和表类型不正确、台区划分和台区动迁等情况造成营销系统和采集平台档案不一致、档案不全或者档案重复的情况	重设档案
载波模块问题	抄表效果差	载波模块烧坏或者模块版本不正确，已经无法正常工作	需及时更换新的载波模块，观察其工作状态，保证新换的载波模块已经正常工作
电能表问题	抄表效果差	智能电能表的通信地址错误	更新电能表档案信息
		智能电能表未上电	重新上电后观察其工作状态
		智能电能表本身损坏	及时更换，重新按要求连线后观察其工作状态

7.3.5 户内交互终端故障排查

户内交互终端在使用过程中可能出现如：电源灯不亮、无法找到户内显示单元对应智能电能表名称的 WiFi 等问题，针对各种问题的解决办法如表 7-5 所示。

表 7-5   户内交互终端常见故障及解决办法

出现的问题	可能导致的原因	解决办法
电源灯不亮	电源接口或接线松动	固定电源连接线和插拔电源接口
无法找到户内显示单元对应智能电能表名称的 WiFi 用户名	未设置表号	户内交互终端未设置表号前默认 WiFi 用户名为"HF-LPT100（例）"，通过手机连接此 WiFi，如果有多个相同名称的选择信号强度最强的，通过户内交互终端手机 APP 设置表号后给户内显示终端断电后再上电即可查找到相应的 WiFi
可以找到与表号对应的 WiFi 名称但无法连接	连接时密码设置错误	设置表号后系统会更改 WiFi 用户名和密码，请根据使用说明连接户内交互终端
上电后无法通过手机抄读	通信模块未入网	打开户内交互终端可以看到信号灯，如果 RXD（红灯）和 TXD（绿灯）会交替闪烁表示正在入网中，等待 10～30min 后就可以进行交互。如果通信模块 RXD（红灯）常亮或 TXD（绿灯）常亮，则表示模块出现异常，可热插拔户内交互终端，插拔后模块重新走上电注册流程；若仍出现 RXD 或 TXD 常亮，则更换模块
上电后无法通过手机抄读	通信模块未入网	户内交互终端内通信模块 RXD（红灯）和 TXD（绿灯）交替闪烁一直无法注册，这种现象有两种情况： （1）从模块距离集中器太远，又没有找到合适的中继点，一直无法完成注册； （2）从模块通信性能故障。 可以采用如下方法进行区分和判断： 在从模块附近，接入抄控器，内置一个通信的主模块

出现的问题	可能导致的原因	解决办法
手机端显示上线后无法抄读数据	通信模块已经入网，但所读取表并未入网	等待30min后尝试，如果还不行则要通知施工单位解决
手机APP显示与智能电能表不一致	户内显示终端采用轮询抄读数据，有1～3min延时时间	属于正常现象

7.4 专用运维工具

7.4.1 掌机

掌机又叫数据采集终端或抄表机，主要适用于在各种流动性强的领域中，进行数据采集和现场数据分析处理的工作，是在低压集抄的运维中普遍使用的仪器。掌机操作面板如图7-17所示。

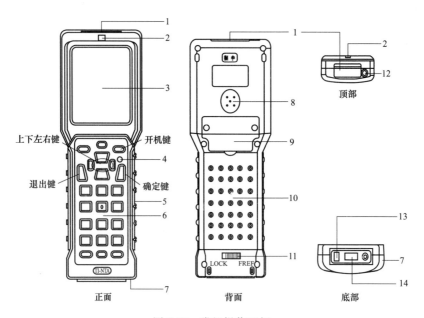

图7-17 掌机操作面板

1—红外口；2—指示灯；3—液晶显示屏；4—复位键；5—防滑手柄；6—键盘区；7—挂绳钩；8—蜂鸣器；9—扩展槽；10—主电池仓；11—电池锁扣；12—扩展预留口；13—充电口；14—通信口

7.4.2 抄控器

在集抄系统中，抄控器是一种在生产、设置、维护时使用的通路连接设备。抄控器有两个接口端，一端接电力线，一端连接掌机的通信端或电脑串口，进行载波抄表。

现场排查表端问题时需要掌机与抄控器配合使用，为现场问题的处理与解决提供方便。通过掌机和抄控器连接载波表的电源端子，进行载波抄表，从而可以判断现场的采集器、载波电能表是否可以正常工作。掌机、抄控器现场连接示意图如图7-18所示。

图 7-18 掌机、抄控器现场连接示意图

7.5 安全防护及技术措施

7.5.1 安全防护

在工作现场，通常有高空坠落物伤人、低压触电、施工现场临时电源管理混乱造成触电等安全隐患，需进行以下防护。

1. 高空坠落物伤人防护

（1）高处作业人员必须系好安全带（绳），佩戴安全帽。安全带（绳）必须拴在牢固的构件上，并不得低挂高用。

（2）施工过程中，应随时检查安全带（绳）是否拴牢。

（3）作业人员在转移作业位置时使用双保险安全带，确保转位时不失去保护。

（4）高处作业所用的工具和材料放在工具袋内或用绳索绑牢，上下传递物件用绳索吊送，严禁高空抛掷工具或材料。

（5）登高梯子需要挂靠在现有的钢绞丝上时，事前必须详细检查钢绞丝是否牢固可靠。

（6）在雨后进行高处作业，采取防滑措施，禁止穿水鞋登高作业。

（7）使用登高梯子作业时，将梯子头、尾套防滑套，必要时应有人扶梯。检查梯身牢固，放置稳定，梯子与地面的倾斜角大约60°。

2. 低压触电防护

（1）在带电设备上工作，工作人员应戴绝缘手套，穿绝缘鞋（靴）。

（2）在配电房内的电气设备上工作，要防止走错间隔。

（3）在带电设备上工作，使用的工具应缠绝缘胶布，防止工具金属部分误碰带电体。

（4）在电能表箱上工作，事前把散乱的导线整理绑扎固定妥当，防止工作时碰触导线露出的金属部分。

（5）禁止施工人员随意攀爬现场设备、设施。

3. 施工现场临时用电安全防护

（1）现场临时电源的敷设和使用，应征得现场电气运行管理人员同意，不得擅自接取和乱拉临时电源。

（2）临时电源引接工作，必须由具有电气工作资格或有电源工作经验的人员担任，带电接取电源，必须有监护人。

（3）严禁不使用插头而将电线直接钩挂在隔离开关上或直接插入插座内使用。

（4）用电线路及电气设备的绝缘必须良好，布线应整齐，安装牢固。

（5）设备的裸露带电部分应加防护措施，在繁华街道、人口密集的地方应有明显标示，并有人看护。

（6）临时电源线路的路径应合理选择，避免易撞、易碰、易腐蚀场所以及碰触热力管道。

（7）临时架空绝缘电线，架空高度不得低于2.5m，交通要道及车辆通行处不得低于5m。

（8）电源熔断器的容量应满足被保护设备的要求，熔丝应有保护罩。管形熔断器不得无管使用，熔丝不得削小使用，严禁用其他金属线代替熔丝。

（9）连接电动机械、电动工具的电气回路，应设专用开关或插座，并应有保护装置，严禁一个开关接两台及以上电动设备。

（10）临时施工用电设备，应按规定分级配置漏电断路器，对无装漏电保护器的，应加装或改造后方可投入使用。

（11）临时电源线通过走道或楼梯，要布置妥当，方便行人出入，并有明显标志。

（12）看护好施工现场的临时电源，防止小区内人员特别是小孩拖拉临时电源线或碰触临时电源设备。

7.5.2　安全技术措施

（1）新进施工人员必须经过规定的安全教育和培训，通过安规考试合格并经通信公司安全员同意后，方可进入施工现场作业，现场作业时要指定有工作经验人员看护。

（2）进入小区作业，应预先联系供电局有关人员，在得到供电局有关人员许可同意之后才能进场作业。

（3）施工人员要求统一着装（含工作鞋、工作服、工作牌等，严禁赤脚或穿拖鞋）、挂牌上岗，所有进入运维区域的人员进入工作场地必须按规定穿棉质工作服、戴安全帽。

（4）施工前，检查安全工器具和防护用品是否完好，是否满足安全要求。

（5）工作负责人在开工前应向全体工作人员交代现场安全措施、带电部位和其他注意事项。

（6）施工现场工作负责人、工作监护人要按规定佩戴标志袖标。工作负责人必须认真检查施工现场各项安全措施。

（7）工作负责人必须始终在工作现场，对工作班全体人员认真进行监护，及时纠正不安全的操作和违章行为。

（8）在配电房配电屏内工作，应按规定办理工作票，设专人监护；未办理工作许可手续，不得进场作业。

（9）在配电房内工作，凡遇到设备运行异常或断路器跳闸时，不论与本身工作是否有关，应立即停止工作，保持现状，待找出原因或确定与本工作无关后，方可继续工作。

（10）在不停电设备上工作，使用的工具应缠以绝缘电胶布，防止误碰带电体。

（11）在配电房内施工，要防止对配电房内设备造成较大振动，影响设备正常运行。

（12）不准在带电设备周围使用钢卷尺、皮卷尺和线尺（夹有金属丝等工器具）进行测量工作。

（13）不得在生产区域随意动火，不得在施工现场禁烟（火）区内吸烟，或留下火种；禁止施工人员流动吸烟或边作业边吸烟。

（14）安全重点部位（如不停电设备机柜内工作、高空作业等）应设专人监护，专责监护人不得兼做其他工作。

（15）雷雨大风天气，禁止在户外场地进行工作。

（16）进入高空作业现场时，应事先检查现场周围是否有带电物体，防止误碰。

（17）使用梯子登高作业时，要将梯子头、尾套防滑套，必要时应有人扶梯。

（18）在人行道上进行高空作业施工时应设专人监护，防止行人或车辆进入高空作业区域。

（19）使用移动电源（拖板）必须带漏电开关，严禁不使用插头而用导线插入（勾挂）插座用电，严禁湿手接触电源开关。施工用电系统要布置合理、安全。

（20）线缆使用前要进行测试，施工中防止割伤和压伤电缆。

（21）要文明施工，施工人员应采取合理措施，保护施工区域周围的环境和设施，避免污染、噪声等危害或干扰，及时清理现场产生的外包装袋（纸）、包扎带（绳）等物品废料，施工材料、工具、设备等堆放应整齐、合理、有序。

（22）施工车辆在施工现场行驶速度不得超过 5km/h；车辆不得停放在电缆沟盖板上。

（23）严格遵守工作日不得饮酒规定，切忌酒后作业。

（24）拆旧表盖时，要戴手套，防止被玻璃或者表盖边缘划伤、扎伤。

第8章

工 程 应 用 实 例

智能电网的发展及电网企业精益化管理的需求极大地推动了低压集抄系统的规模化建设，面对复杂多变的现场应用电网环境，低压集抄系统涌现出电力线载波（窄带、宽带）、微功率无线、光纤、RS 485、双模等多种通信模式，本章列举了各种通信模式在低压集抄系统中的工程应用实例。

8.1 低压电力线载波集抄系统

在低压电力线载波集抄系统中，一个供电台区一般只需安装一台集中器，无须增设其他采集设备，建设和施工便捷。低压电力线载波集抄系统一般应用于用户集中、线路较近、无大型工业用电干扰等电网环境的城镇居民小区，还适用于月累计用电量少、智能电能表特别分散、工程施工难度大的乡镇及农村地区。

低压电力线载波集抄系统根据智能电能表的通信方式（电力线载波通信或 RS 485 通信）分为全载波和半载波两种类型。根据电力线载波通信技术分类，电力线载波集抄系统又可分为窄带（低速）电力线载波集抄系统、窄带高速电力线载波集抄系统、宽带电力线载波集抄系统三种。

8.1.1 窄带（低速）电力线载波集抄系统

8.1.1.1 连云港项目

1. 电力环境概况

江苏连云港市某村属于典型南方农村供电台区，电力用户分散，该供电台区大致分为东村和西村两条主干线路，变压器靠近西村，东村与西村之间架空线路距离较长，智能电能表之间电力线的最远距离约为 904m（如图 8-1 中 C 点和 F 点），供电台区地域范围跨度大，从变压器至最末端电能表的电力线距离约为 1505m（如图 8-1 中 E 点），该村水塔扬水泵站位于东村供电干线 B 点。

2. 通信方案选型

该工程应用中，对低压集抄系统的远距离传输要求较高，可选择微功率无线通信技术（空旷通信距离可达 1500m）或窄带（低速）电力线载波通信技术（无分支电力线通信线路长度可达 1100m）两种常规通信技术，该项目选择了窄带（低速）电力线载波通信技术。

根据现场供电台区用电设备（家用电器、农村水塔扬水泵站）工作频率特性，对农村电力线分支较多的地点进行实地电力线信号频率范围测定，电力线信道底噪在 $45\sim57\mathrm{dB}\mu\mathrm{V}$ 范围内，电力线信号底噪最高地点为农村水塔扬水泵站供电干线分支点处（如图 8-1 中 B 点），图 8-1 中 E 点有 7 个电力用户，电力线信道在 350kHz 以下频率范围内的信号幅值较高，由

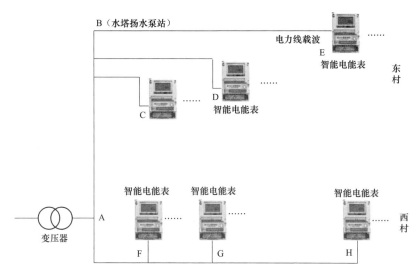

图 8-1　连云港某村供电台区电力线分布示意图

此判断，该供电台区首选 350kHz 以上工作频点的电力线载波通信方式。

　　该工程应用 421kHz 电力线载波通信技术，采用全载波通信组网方案，首先根据整个供电台区电力线分布的线路特点，将集中器安装在电力线距离最远的智能电能表（图 8-1 中 C 点与 F 点）之间，针对图 8-1 中 B 点存在较大干扰问题，靠近 B 点加装信号中继器，用于转发来自于集中器抄读 E 点智能电能表的命令和 E 点电能表上传至集中器的数据信息，信号中继器将集中器下发的命令和 E 点 7 台智能电能表信号进行二次转发并增强信号强度，而且可以过滤电力线通信信道的干扰，此方案的线路连接示意图如图 8-2 所示。

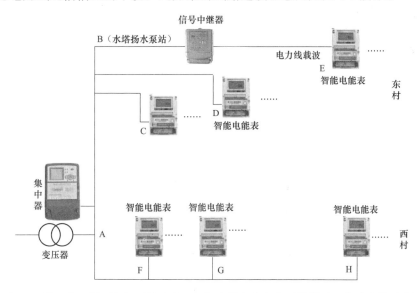

图 8-2　供电台区低压集抄系统方案 1（集中器安装在变压器附近）线路连接示意图

　　现场安装和调试，供电台区使用集中器 1 台，信号中继器 1 台，窄带（低速）电力线载波通信模块数量 45 台。集中器安装在西村变压器附近，调试完成后，一月内每日抄读冻结数据成功率在 100%，抄读 E 点数据延时为 30～35s，抄读 E 点电能表平均抄表次数为 4.33

次，E 点抄表稳定性较差。

调整低压集抄系统数据采集终端的方案，将集中器安装在东村，相对靠近 E 点（如图 8-3 所示），调试完成后，一月内每日抄读冻结数据成功率在 100%，抄读 E 点数据延时约为 24s，E 点抄表稳定性相对提高，抄读 E 点智能电能表平均抄表次数为 2.33 次，抄读 H 点智能电能表延时约为 23s。

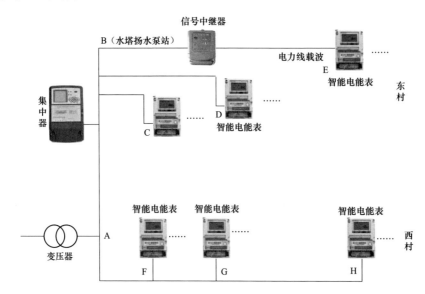

图 8-3　供电台区低压集抄系统方案 2（集中器安装在东村）线路连接示意图

3. 该项目的工程小结

（1）集中器的安装位置对数据采集可靠性有很大影响，一般集中器安装在变压器附近，但根据实际情况集中器可以选择不安装在变压器附近。在方案 1（如图 8-2 所示）和方案 2（如图 8-3 所示）中，集中器的安装位置不同，导致电力线最远距离的智能电能表抄表稳定性差异较大，由于变压器到 E 点距离最远，且中间有噪声源（B 点），导致方案 1 抄读 E 点可靠性较低。

（2）加装信号中继器可有效保障数据通信可靠性。因 B 点位置有扬水泵站，电力线噪声较大，加装信号中继器，可确保集中器与 E 点智能电能表的通信可靠性。

8.1.1.2　伊朗马什哈德项目

1. 电力环境概况

伊朗马什哈德是伊朗第二大城市，是什叶派穆斯林的圣城之一，之前一直都是采用普通电子表，但是近年来供电企业要求城市中所有新建的商场和大厦都必须采用智能电能表，以实现远程管理。台区所属商场巴扎属于典型城市商业中心环境，电力用户非常集中，负二层为各种古玩店，负一层为各种小电子电器商店，一层为各种小食品小装饰品店，二层为各种服装店，三层为各种餐饮店。该供电变压器位于负二楼，且是由两台变压器进行供电，两台变压器安装在同一个房间中。智能电能表分布在每个楼层，每个楼层都有四个大表箱，分别属于不同的变压器供电，每个表箱安装了 20～30 台智能电能表。其中一个变压器管理 188 台智能电能表，另外一个变压器管理 196 台智能电能表。变压器与智能电能表距离最远不超过 100m，但是现场的用电环境复杂，各种商铺、电梯很密集，现场供电台区电力线分布示意图如图 8-4 所示。

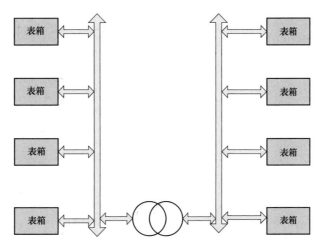

图 8-4 马什哈德工程供电台区电力线分布图

2. 现场通信方案选择

按照该国的技术要求，该工程可以使用 RS 485 通信方案、2.4GHz 无线通信方案和 CENELEC（9~148kHz）频段的电力线载波通信方案。该工程对低压集抄系统的远距离传输要求较低，虽然三种解决方案都可以满足通信距离要求，但是考虑到现场用电环境复杂，并且供电企业对通信技术有明确的要求，项目实施方在现场做了客户需求沟通，进行了以下现场调研和通信测试，以便最终选择合适的通信方案。

（1）ZigBee 通信方案。由于该国对无线频率有管制，能够使用的免费频率只有 2.4GHz，因此可使用的无线抄表方案只有 ZigBee 通信解决方案，但是多年来 ZigBee 抄表解决方案并没有批量使用的案例，成熟度远低于 RS 485 和载波通信，因此在选择通信方案时，项目实施方首先放弃了 ZigBee 的通信解决方案。

（2）RS 485 通信方案。RS 485 方案是项目实施方最先提出来的解决方案，因为该方案成本最低，并且在这个项目中，智能电能表安装也非常集中，完全可以使用 RS 485 方案，但是当地供电企业提出了他们的需求，希望后面的其他项目都是可以有复制性；如果使用 RS 485 方案，未来在其他项目上实施将会遇到较大麻烦，可复制性并不强，因为还有其他商场的智能电能表安装并没有集中安装，因此项目实施方最后放弃了 RS 485 通信方案。

（3）电力线载波方案。电力线载波通信方案将会大大降低工程施工难度，可复制性强，当地供电企业更倾向于使用电力线载波通信解决方案。

现场调研发现现场的用电环境复杂，商铺林立，各种电器、劣质灯具遍布各楼层。携带便携式频谱仪在现场测试，测得电力线分噪声波形如图 8-5 所示。

从噪声测试数据上看，90kHz 频点有非常明显的高幅值的噪声信号，且噪声信号幅度达到了 −20dBm，干扰非常严重，并且在其他高频率段上同样分布着各种噪声信号，信号幅度也达到了 −30dBm。

根据该国的规定只能使用 CENELEC（9~148kHz）频段的载波。在这个频段内，项目实施方首先把载波测试模块频率设置成 CENELEC-A 频段的频率点进行测试。抄控器放置在变压器附近，通信模块放置在最远的一个表箱，点抄无法通信成功。

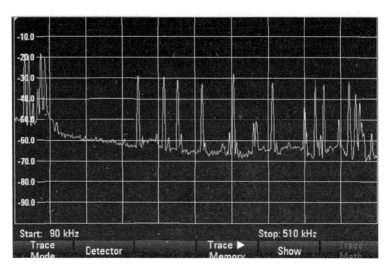

图 8-5　现场测试电力线分噪声波形图

然后项目实施方把载波测试模块频率设置成 CENELEC-B 或者是 CENELEC-C 段的频率点进行测试，变压器附近的抄控器可以直接抄读到距离最远表箱里面的一个通信模块。最终项目实施方选择了 S-FSK 调制的电力线载波通信技术，频点选择为 CENELEC-B 频率段的频点 110kHz。

3. 工程现场调试

根据前期现场调研的数据，项目实施方后期供货的智能电能表设备工作频率都定为 110kHz，采用全载波的通信方案。

在现场安装调试过程中，依旧遇到不少问题，主要问题如下：

（1）电力线载波信号窜台区问题。由于现场两个变压器安装在一起，两个台区的零线都接线在一起，台区载波信号串扰特别严重，一个集中器发出信号后，另外一个变压器下的所有智能电能表都可以接收到载波信号，两个集中器同时工作时，信号干扰特别严重，虽然载波模块有冲突检测功能，能够尽量避免这种情况发生，但是由于现场安装特别密集，相当于一个信号发出后可能两个变压器下的所有智能电能表都有可能听到载波信号。为此，需要设置集中器内的参数，比如增加冲突检测的随机数或者设置集中器的工作时段，从而顺利解决了这个问题。

（2）集中器无 GPRS 信号问题。由于一般情况下要求集中器安装在变压器配电房中，而这个项目中变压器配电房在负二层，其现场安装环境如图 8-6 所示，完全接受不到 GPRS 信号，根据前期勘查测试的数据，项目实施方已清楚了解该台区通信距离较近，集中器的安装完全没有必要一定要安装在变压器配电房中，更改集中器的安装位置对智能电能表抄读无影响，因此把集中器安装在一层的表箱内即可达到通信要求。

经现场安装和调试，供电台区使用集中器 2 台，窄带（低速）电力线载波通信智能电能表 384 台，将集中器安装在一楼附近，调试完成后，一月内每日抄读冻结数据成功率在 100%，一次抄表成功率可以达到 95%，抄读数据延时约为 10s。

4. 该项目的工程小结

（1）集中器的安装位置对数据采集可靠性有很大影响，集中器可以不安装在变压器附近。

（2）针对现场的载波信号串扰问题，可以通过增加冲突检测的随机因子解决，同样也可以通过设置集中器的工作时段，错开两个集中器的工作时段来避免信号冲突。

图 8-6　马什哈德工程集中器安装现场环境图

（3）载波通信的通信频率很重要，低压 90kHz 以内的频段噪声较大，在满足客户要求的情况下尽量提高通信的频率。

8.1.2　窄带高速电力线载波集抄系统

8.1.2.1　番禺项目

广州番禺某公变台区，属于典型城镇小区台区，台区用户多且集中，整体线路情况较好，台区通信拓扑图如图 8-7 所示。

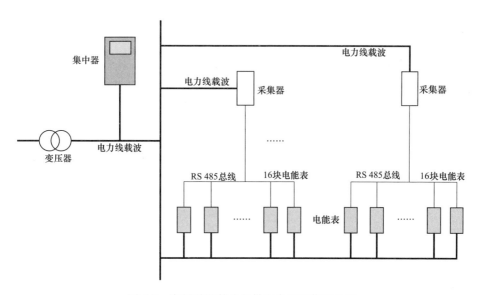

图 8-7　广州番禺某公变供电台区通信拓扑图

该台区表位集中，制定的集抄技术方案为半载波方案，通过 RS 485 线作为媒介，将所有智能电能表 RS 485 端口串接起来连接到采集器，而采集器和集中器之间采用 SSC1650 型 OFDM 窄带高速载波通信技术。该方案对于设备厂家的容错率较高，不容易出现抄读困难的问题。

在建设的前期，要收集现场电力环境分布图、智能电能表数量、采集节点电力线距离（电气图）、电力线通信关键点（如噪声较大点、负载较重点）等资料，便于有针对性的提升电力线载波通信质量。由于居民小区基本配电房位于地下室，有时会出现 GPRS 信号不稳的问题，通过加装信号放大器或者使用外置长天线将天线移位满足 GPRS 信号要求。对于 RS 485 线安装排布工艺要求较高，易出现由于 RS 485 线故障、脱落、断裂引起的采集故障问题，需注意安装工艺质量。安装完毕后的调试过程中，通过统计低压集抄系统技术指标：日抄表成功率、单次抄表成功率（或智能电能表抄表成功的抄表次数）、最远节点或最不利节点的抄表延时等，对集抄技术指标进行跟踪完善。

该工程自投运以来，历经雷雨和季节变换，运行稳定可靠，抄表成功率高，运行效果满足低压集抄的要求。

8.1.2.2 欧洲应用

8.1.2.2.1 法国 Linky 项目

1. 电力环境概况

法国的电力网是以 400kV 网架为主体的全国统一电网，其分布情况是以巴黎为中心，呈辐射状向外延伸，能保持全国 7 个地区（北区、诺曼底、巴黎区、东区、罗讷、阿尔卑区、地中海区，西南区和西区）电网间的负荷平衡，各地区内的电力生产和消费也都能尽量保持平衡，电网结构有较强的抗事故能力。

法国电网输送公司（ERDF）自 2015 年 12 月起，逐步在法国家家户户安装 Linky 智能电能表，并建立能够进行远程操纵的集抄系统。Linky 项目规划 3500 万只智能电能表，对低压集抄系统的远距离传输要求较高，之前选择的两种常规通信技术方案：微功率无线通信技术（空旷通信距离可达 1500m）、窄带（低速）电力线载波通信技术（无分支电力线通信线路长度可达 1100m），都难以满足实际应用要求。工程最后选用 G3-PLC 窄带高速电力线载波通信技术进行测试，实测效果非常理想。这为项目最终选择 G3-PLC 作为 Linky 项目的本地通信技术提供了充足的依据。

该工程低压电网结构如图 8-8 所示。法国电缆一般埋在地下，现场情况如图 8-9 所示。

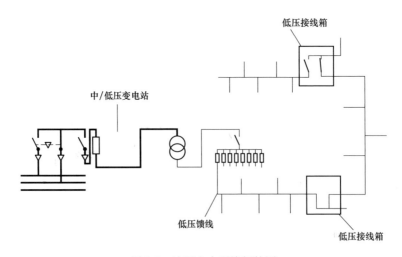

图 8-8　法国电力环境拓扑图

图 8-9　法国电力环境现场图

2. 通信方案选择

按照该国的电网环境及技术要求，可以使用 CENELEC（9～148kHz）频段的低成本电力线载波通信方案。为了抑制由噪声导致的信号衰减，降低误码率，并改善频率效率，有必要采用合适的信号调制技术。实际上，在采用电力线载波通信技术方案部署集抄系统时，电力线载波通信有多种不同的调制方式，但主要有两大类，分别是扩频型频移键控（S-FSK）和正交频分复用（OFDM）。

（1）S-FSK 通信方案。S-FSK 是较为成熟的电力线载波通信调制方式，复杂度低、可靠性高。这种调制技术能实现可靠的电力线通信，同时应用成本更低、功耗也更少。

法国 ERDF 早期的 Linky 项目规范中，物理层参考规范是 IEC 61334-5-1/EN50065，其中规定的调制技术为 S-FSK，传输速率 2.4kbit/s。该方案的通信速率较低，抗干扰能力弱，不能满足后期工程项目中电网企业的应用需求。

（2）G3-PLC 通信方案。为对整个法国电力系统后期规范的适用性和长期规划，在选择通信方案时，在电力线载波通信方式的前提下，尝试采用基于 OFDM 调制方式的 G3-PLC 方案。基于 OFMD 调制方式的 G3-PLC 方案，对噪声问题抗干扰能力强，通信速率高，最高速率达 300kbit/s。G3-PLC 通信协议具有鲁棒性、高性能、高安全性、可扩展性，是一个具有国际技术联盟支持的互联互通协议，可实现项目要求的远程控制、负荷平衡、高时效等功能。

两个主要噪声的噪声频率（IH Heater 和 KotasuHeater）如图 8-10 所示。

测试结果如图 8-11 所示。

3. 工程现场测试

为了确保 Linky 项目顺利实施，验证 G3-PLC 通信方案的应用可行性，法国电力分别选择两种典型场景，进行多种通信技术的应用比对试验，现场下行采用 G3-PLC 载波通信方案，上行采用 GPRS/UMTS 通信方案。其中一个场景是中压-中压（MV-MV）两个节点（相距 6.4km），中间无中继设备。另一个场景是低压-中压（LV-MV）和中压-低压（MV-LV）（从变压器至末端的两台低压电能表的电力线距离分别为 1.4、2km）。现场中压变压器电气距离如图 8-12 所示，现场中压变压器实物及电气距离示意图如图 8-13 所示。现场点对点的测试通信数据如表 8-1 所示。

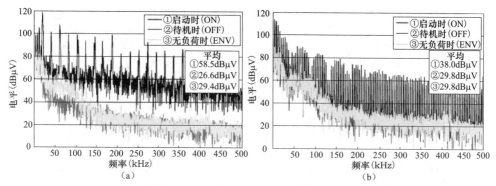

图 8-10　Linky 项目现场噪声的频谱图

（a）IH Heater 噪声频率；（b）Kotasu Heater 噪声频率

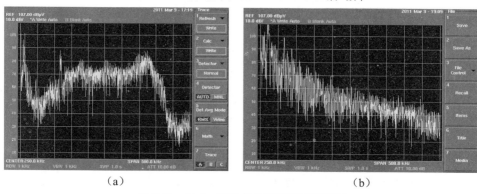

图 8-11　Linky 项目产品模拟测试频谱图

（a）未加噪声情况；（b）加有噪声情况

图 8-12　Linky 项目现场中压变压器电气距离示意图

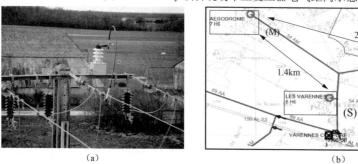

图 8-13　Linky 项目现场中压变压器实物及电气距离示意图

（a）实物图；（b）电气距离图

表 8-1	G3-PLC 低压集抄台区电力线载波点对点的通信数据		
通信技术	距离	数据传输速率	FER（帧错误率）
G3-PLC	6.4km	6.092kbit/s	0.02％

项目至 2016 年底已现场安装约 40 000 台智能电能表，分别安装在城市（巴黎、南特）、农村（北部加来海峡大区），抄表数据如下：电能表发现概率 99％，日数据采集成功率 99％，电能表软件远程升级成功率 99.5％，远程操作成功率 99％。

8.1.2.2.2　意大利 Telegestore 工程

意大利 Telegestore 工程系统架构如图 8-14 所示。

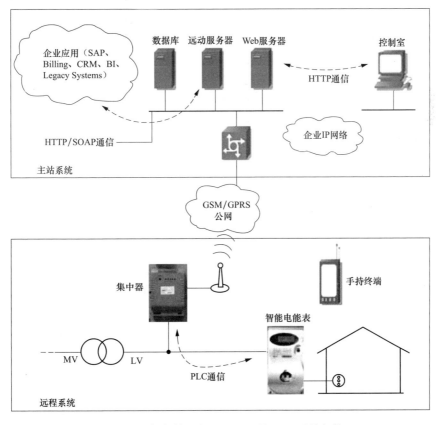

图 8-14　意大利 Telegestore 工程 AMI 系统架构

上图中，智能电能表与采集终端之间采用 Lonworks 协议（BPSK 调制方式）的电力线载波通信技术，集中器与系统主站之间采用 GPRS 通信，系统中有 HHU（hand held unit devices，手持抄表器）作为抄表的补充。智能电能表除具备一般功能如费率、负荷、冻结、事件记录、远程升级等外，还带断路器。由于消费者可随时更换电力供应商，表计需具备与供应商进行相关合同管理的功能，如切换合同、切换合同时冻结数据等。另外，系统主站需抄收分费率数据，结算系统向消费者提供每月或每两月各个费率下的用电账单。

意大利规划实施第二代 AMI 架构的建设，其系统架构如图 8-15 所示。

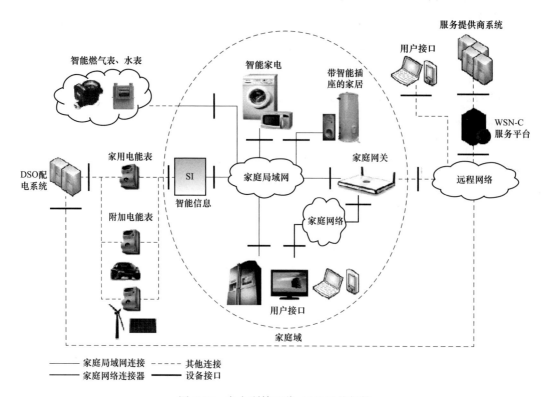

图 8-15　意大利第二代 AMI 系统架构

意大利第二代 AMI 采集终端的通信技术考虑采用基于 OFDM 的电力线载波通信技术（如 RPIME、G3-PLC），智能电能表与户内交互设备（In-Home Device，IHD）之间通信考虑采用电力线载波通信技术，第二代架构将联合其他公共事业部门将燃气表、智能水表的集抄纳入进来，并接入家庭局域网（HAN）。

8.1.3　宽带电力线载波集抄系统

8.1.3.1　唐山郑庄子项目

1. 现场描述

该项目位于 315kVA 变压器台区，集中器安装在变压器处。共有智能电能表 305 台，其中单相表 268 台、三相表 37 台，三相动力电力用户多，负载重。现场均为铝制架空线，相邻节点之间的距离不超过 100m，但走线复杂，分支节点多。现场台区系统拓扑图如图 8-16 所示，现场环境如图 8-17 所示。

2. 通信方案选型

现场存在养殖场、小工厂等大量三相动力电力用户，噪声环境复杂。通过测试，500kHz 以下噪声高出均值 30dBm 以上，500kHz 至 1MHz 噪声高出均值 6～7dBm，现场噪声频谱图如图 8-18 所示。由此判断，选用通信频率在 1MHz 以上的宽带载波通信方式，例如：中电华瑞宽带载波方案设计的频率带宽在 2～12MHz，其载波数据传输使用的带宽避开了噪声最大区域，能有效改善通信成功率。

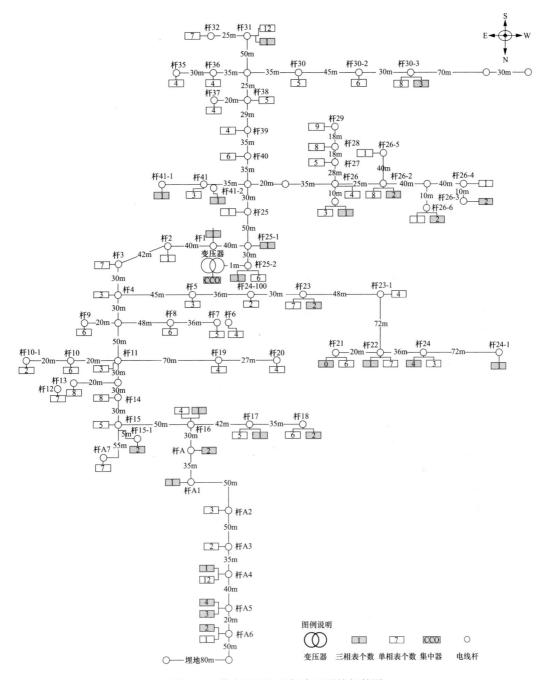

图 8-16 郑庄子项目现场台区系统拓扑图

3. 运行结果

项目采用宽带电力线载波通信技术，台区共 268 台单相电能表、37 台三相电能表，全部上线。抄表成功率、抄表延时、组网测试和软件升级测试，均满足现场验收指标。上行通信调通后，对接到主站，日冻结成功率达到 100%，运行结果数据如表 8-2 所示。

图 8-17　郑庄子内密集的城镇小区环境

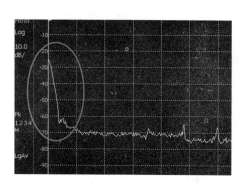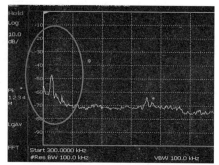

图 8-18　郑庄子某台区现场噪声频谱图

表 8-2　　　　　　　　　　　　　　　郑庄子某台区运行结果数据

测试地点	功能点	子项	数值
唐山郑庄子	抄表成功率	日冻结成功率	100%
		点抄成功率	100%
		费控成功率	100%
	抄表延时平均	点抄	498ms
		轮抄	99ms
	组网性能	全网组网	17min
		新模块入网	25s
	软件升级	全网升级	100%（45min）
		点对点升级	32s
	稳定性	死机	无

8.1.3.2　重庆香溪某小区项目

1. 现场描述

香溪某小区是城镇小区，台区共安装 138 台智能单相电能表；配电箱的内部有两个大的空气开关，一个电容柜，现场存在大幅度的噪声，设备情况如图 8-19 所示。

图 8-19　香溪某小区现场设备情况

2. 通信方案选型

经测试发现，现场时域上为典型脉冲噪声，脉冲周期在 $100\mu s$ 左右，脉冲宽度均为 $8\mu s$ 左右。频域上，噪声有较强的频率选择性：300kHz～2MHz 噪声比 2MHz 以上噪声谱密度高 20～40dB，9～11MHz 范围内噪声能量相对有所提升，台区现场噪声的频谱如图 8-20 所示。由此判断，选用通信频率在 2MHz 以上的宽带电力线载波。

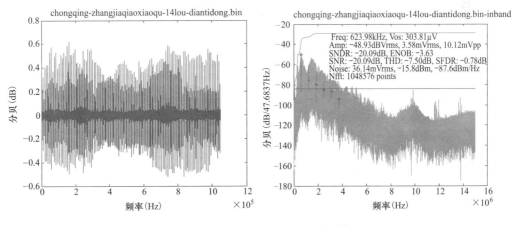

图 8-20　香溪美林台区现场噪声频谱图

3. 运行结果

项目采用宽带电力线载波通信，抄表成功率、抄表延时、组网测试和升级测试，均满足现场验收指标。运行结果数据如表 8-3 所示。

表 8-3　　　　　　　　　　　　　　　　香溪美林某小区运行结果数据

测试地点	功能点	子项	数值
香溪美林小区	抄表成功率	日冻结成功率	100%
		费控成功率	100%
	抄表延时平均	点抄	463ms
		轮抄	73ms
	组网性能	全网组网	11min
		新模块入网	28s
	升级	全网升级	30min
		点对点升级	30s
	稳定性	死机	无

8.1.3.3 昆明某台区项目

1. 电力环境概况

云南电网在昆明城乡接合部开展宽带电力线载波通信技术应用试点，供电线路距离长、电能表分散且台区走线混乱，宽带载波集抄的5个台区，合计640台电能表，其中单相电能表633台、三相电能表7台。台区内电能表安装在居民墙上的表箱内，每个箱内安装1~8台数量不等，比较分散。以斗南B4台区为例，总户数179户，为独栋居民楼，采用门头表的表箱安装方式，两户一表箱，每个表箱之间走线距离超过20m。

2. 通信方案选择

表位部分集中，部分分散，比较适合半载波采集方式，集中的智能电能表可以通过RS 485线作为媒介，将所有智能电能表RS 485口串接起来与采集器进行通信，该方式最大的优点即是节省物资（采集器数量），分散部分采用载波智能电能表直接连接，安装过程较为节省交通、施工及材料成本，而且后期维护比较节省人力。

试点初期，采用270kHz和421kHz两种工作频点的窄带（低速）电力线载波方案进行抄表，成功率仅为80%左右，每日波动不大，但抄表延时较长，单次抄表延时约为30~50min。后采用基于Home Plug Green PHY宽带电力线载波技术，项目建设完成后，抄表成功率达到了100%。台区通过现有集中器测试抄表时间仅为1min，台区实时组网时间为1~4min。通过现场实际应用情况和功能测试，达到了项目的设计要求，满足了用户的管理需要，并可为智能电能表双向互动及远程费控提供通信基础。

3. 该项目的工程小结

(1) 通信速率高，宽带载波带宽限定为2~30MHz、通信速率通常在1Mbit/s以上，物理层通信速率最高可达10Mbit/s。

(2) 抗衰减能力强，可经过90dB衰减，而通信速率几乎不下降。

(3) 抄表成功率高，排除工程问题，解决现场环境问题，可实现抄表成功率达到100%。

(4) 自动组网、自动中继，现场免设置全网自动组网和自动路由，最大可支持16级中继。

(5) 双向实时通信，远程实时抄表，支持事件主动上报，档案主动上报，可承载未来电网全面业务功能。

(6) 即装即用，新装或拆除电能表时，能自动加入或离开网络，不需人工设置。

(7) 运维方便，可远程通过电力线载波通信对智能电能表载波模块进行批量升级。

(8) 工程故障排查迅速，可通过判别指示灯的亮灭，判断模块是否组网成功。

(9) 远程拉合闸，由于高带宽和高速率，可实现远程实时拉合闸。

(10) 网络自恢复，网络内任何节点出现通信故障时，网络自动重构，不影响其他节点正常通信。

8.2 微功率无线集抄系统

1. 应用环境情况

微功率无线集抄应用于国网重庆市电力公司江北供电局的兴隆和洛碛两个供电所，共安装采用微功率无线方案的台区69个、11394户电力用户。总体日抄表成功率99.47%，其中日抄表成功率 100% 的台区有 31 个。

为充分验证微功率无线本地通信方式在不同地理及电网环境中的效果，从这些台区中选择了 4 个具有代表性台区，地理位置涵盖了城网，农网，山区散户以及城乡接合部等各种不同环境，且部分台区线路老化，走线方式为架空和埋地电缆混用，布线较为复杂，最大台区供电半径长达 1km，包含居民、商铺、小型加工厂等不同用户类型，现场存在很多孤立的供电节点（如图 8-21 所示），也存在用户密集、用电量大的城镇小区环境（如图 8-22 所示）。

图 8-21　重庆某台区内孤立的山区环境　　　图 8-22　重庆某台区内密集的城镇小区环境

采用全无线通信模式后，现场 4 个台区的运行情况如表 8-4 所示。

表 8-4　　　　　　　　　　　重庆某试点台区具体采集信息情况

序号	台区名称	智能电能表数量	采集成功率	通信组网模式	台区类型
1	兰田 5 社	72 台	100%		农村
2	巨奇一台区	240 台	100%	全无线通信模式	城镇小区
3	圣湖新居公配	147 台	100%		城乡结合部
4	火炬二台	100 台	100%		山区

2. 该项目的工程小结

（1）安装维护简便、无需布线、工程量小，具备路由机制，信号覆盖范围较大。

（2）自组网、自诊断、自恢复、不受用电负荷影响、可跨变压器进行抄表。

（3）具有自动跳频的功能，能选择干净的频点进行通信，从而提高抗干扰能力。

（4）和大多数无线设备一样，会受物理环境影响，穿墙能力有限，一般可穿越 4～5 堵墙；对于集中器安装的位置有一定要求，一般应安放在区域中心位置，信号从中心向四周覆盖，且不能封闭。

8.3　光纤通信集抄系统

EPON 技术以其高速率、长距离、多业务等特点有效地承载了配电自动化、用电信息采集、电力光纤到户等业务，在电力通信专网建设中广泛应用，但其工程量较大，且敷设光缆在一定程度上依赖杆塔、沟道等资源条件，对于采用直埋电缆方式供电区域工程实施难度大。

采集系统接入网采用光纤专网需选取具有光缆资源的区域，不仅节省建设成本，更有利于快速稳定的实现用电信息采集，为实现营销费控、需求侧管理等业务提供数据通道。光纤集抄系统网络架构如图 8-23 所示。

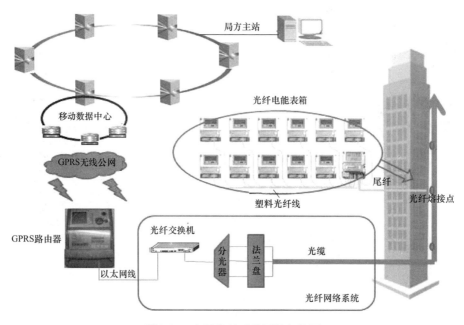

图 8-23　光纤集抄系统网络架构图

1. 应用环境情况

2015 年，贵州遵义城郊供电局建设光纤通信集抄系统，小区用户电能表集中安装，光纤到户接入，光纤集抄主要解决抄表和台区线损管理不到位的问题，项目涉及 79 台塑料光纤集中器和 986 户居民用户智能电能表，集中器和智能电能表间采用塑料光纤通信方式。

现场安装环境如图 8-24 所示，符合南方电网公司技术规范的单相智能电能表装有单路光模块，可以连接单根光纤，右下角空位可以安装小型化集中器；小型化集中器上有 16 路光口，可同时连接 16 台单相智能电能表。

图 8-24　现场安装环境

所有设备安装完成后，安装调试人员在现场可以通过查看塑料光纤集中器上各通道的状态或单相表上光纤模块指示灯的状态来判断是否安装连接成功。安装完成后上电，塑料光纤集中器面板上有 16 个指示灯是用来指示光纤连接状态的，分别对应 F1~F16，当对应通道上的光纤两端连接好以后，LED 指示灯常亮，没有连接好时 LED 指示灯熄灭。

主站系统功能扩展后，用户操作界面与目前系统应用的完全一致，主要是在后台实现对电能表档案及通道状态变化主动上报信息的识别与支持，在后台实现主动上报档案信息与营销系统智能电能表档案的比对，自动实现档案的更新以及数据的自动采集，针对异常状况及时提示用户进行针对性的处理。

2. 该项目特点

(1) 档案主动上报功能。由于每只智能电能表和集中器之间不再是总线方式连接，而是拥有一个独立的通信通道，主站软件可具有自动搜索智能电能表的功能，当发生新装、拆除或是更换智能电能表的业务时，主站可以及时收到档案发生变动的事件报告。

(2) 极大地提高了故障的排查效率。在安装智能电能表时，在安装好连接智能电能表和集中器之间的塑料光纤后，无须再做其他设置，可直接通过指示灯来判断是否正常连接，剩下工作都由智能电能表和集中器自动完成，安装维护起来非常简单、方便和快捷。在日常的故障排查时，也可以通过观察集中器和智能电能表上指示灯来简单地判断出是光纤通信模块的故障、光纤的故障、集中器的故障还是智能电能表的故障，维护人员经过简单培训就能迅速适应工作。

(3) 支持智能电能表的高级应用。光纤集抄方案为智能电能表和主站之间提供了一个可靠并且高速的通信信道，能实现远程通断电、预付费、阶梯电价等现阶段功能需求，还为未来智能电能表各种高级应用的实现提供了关键的高速通信链路，为实现 AMI 打下了坚实的技术基础。

8.4 RS 485 总线集抄

1. 项目概况

RS 485 总线集抄系统本地信道采用 RS 485 通信网络，远程信道采用 GPRS 无线公网，其网络架构如图 8-25 所示。

2015 年，国网山东省菏泽市供电局建设国网集中器 II 型的 RS 485 总线集抄系统，小区用户电能表集中安装，集中表箱安装在低压用户区域，采用楼栋（道）局部集中和配置 GPRS 无线电能表相结合的基本模式实现低压电力用户及配变电能量数据的采集、用电异常监测，并对采集的数据实现管理和远程传输。根据现场的情况，单个 II 型集中器连接尽可能多的电能表，少量零散的低压电力用户以 RS 485 电缆接入就近的 II 型集中器或更换为带 GPRS 模块的智能电能表。配变安装带 GPRS 模块的智能电能表总表。

本方案以一台 II 型集中器及其连接的所有电能表为一个采集子单元，一个台区分多个采集子单元与主站通信。采集子单元内所有连接均采用有线方式。为避免开挖、减少对小区原有建筑、环境的破坏，提高施工效率，采集子单元设置范围原则上不出楼。

本方案主要适用对象：采用集中表箱，集中安装的城网用户；台区内集中表箱容量较大，每个表箱装表数量大于 4。

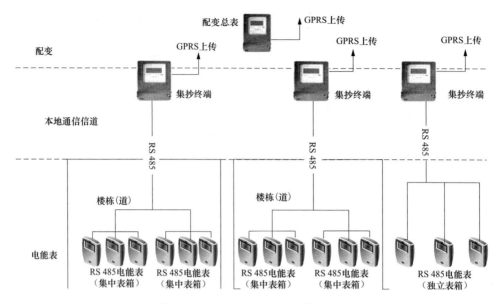

图 8-25 RS 485 集抄系统网络架构图

2. 具体方案

具体的方案为低压电力用户用电信息采集以楼栋或楼道为单位进行设计,分为Ⅰ、Ⅱ、Ⅲ、Ⅳ四种情形,分别如下。

(1) Ⅰ:多层独立计量箱。以常规1栋6层楼住户为例,共三个单元,每单元一梯两户。考虑两种情形,分别为:Ⅰ-1,单元间可互相连通;Ⅰ-2,单元间不能互相连通。

1) Ⅰ-1:

a. 电能表装设于住户门边的计量箱内,各单元可直接连通或通过在墙面、楼层开孔实现互相连通。

b. 在中间单元一层计量箱处装设Ⅱ型集中器,各单元一层至顶层计量箱旁设一垂直的RS 485总线干线,各层电能表RS 485传输线依次连接入总线干线,各单元的总线干线统一接入中间单元的Ⅱ型集中器。

2) Ⅰ-2:

a. 电能表装设于住户门边的计量箱内,各单元不能互相连通。

b. 各单元一层装设Ⅱ型集中器(现场条件限制时可装设于其他楼层),各单元一层至顶层计量箱旁设一垂直的RS 485总线干线,各层电能表RS 485传输线依次连接入总线干线,总线干线在一层接入Ⅱ型集中器箱。

(2) Ⅱ:多层或小高层集中计量箱。以常规1栋6层楼住户为例,共三个单元,每单元一梯两户。考虑两种情形,分别为:Ⅱ-1,单元间可互相连通;Ⅱ-2,单元间不能互相连通。

1) Ⅱ-1:

a. 集中计量箱设置在一层,各单元可直接连通或可通过在墙面、楼层开孔实现互相连通。

b. 在中间单元集中计量箱处装设Ⅱ型集中器,各单元集中计量箱电能表RS 485传输线依次连接后统一接入Ⅱ型集中器。

2) Ⅱ-2：

a. 集中计量箱设置在一层，各单元不能互相连通。

b. 各单元集中计量箱处装设Ⅱ型集中器，各单元集中计量箱电能表RS 485传输线依次连接后接入本单元Ⅱ型集中器。

(3) Ⅲ：高层集中计量箱。考虑两种情形，分别为：Ⅲ-1，集中表箱同层设置；Ⅲ-2，集中表箱分层设置。

1) Ⅲ-1：以常规1栋18层楼住户为例，每单元一梯两户，因每单元住户较多，不跨单元设置采集子单元。以下说明针对一个单元。

a. 3个集中计量箱设置在一层。

b. 在集中计量箱处装设Ⅱ型集中器，各集中计量箱电能表RS 485传输线依次连接后统一接入Ⅱ型集中器。

2) Ⅲ-2：以常规1栋18层楼住户为例，每单元一梯四户，因每单元住户较多，不跨单元设置采集子单元。以下说明针对一个单元。

a. 集中计量箱分层设置，每三层设一个集中计量箱，分别设置在1、4、7、10、13、16层，各层之间由电缆竖井沟通。

b. 1~9层、10~18层各设一台Ⅱ型集中器，分别设置在4层、13层集中计量箱处，1、4、7层集中计量箱电能表RS 485传输线依次连接后统一接入4层Ⅱ型集中器，10、13、16层集中计量箱电能表RS 485传输线依次连接后统一接入13层Ⅱ型集中器。

(4) Ⅳ：工商业户门面房。主要针对采用独立计量箱、空间上连续排布的工商业户门面房，具备相同特点的其他低压电力用户（居民用户或居民、工商业户混合）同样适用，采用带GPRS模块的智能电能表。

3. 该项目的工程小结

(1) 表位集中，后期维护相对简单。对于设备厂家的容错率较高，不容易出现抄读困难的问题。

(2) RS 485通信安装较为复杂，需要大量布线，工程量大，存在通信线路被人为损坏的隐患。

8.5 双模通信集抄系统

双模通信集抄系统本地通信采用载波和微功率无线双重传输，保证数据的正常采集，上行采用无线移动公网与系统主站通信。

国网四川省电力公司在成都市天府新区、眉山市和自贡市三个地区，建设的双模通信集抄试点，共安装285个台区，覆盖43 714户居民。

为充分验证双模异构本地通信方式在不同地理及电网环境中的效果，从这些台区中选择了3个具有代表性台区，地理位置涵盖了城网，农网，山区散户以及城乡接合部等各种不同环境，且部分台区线路老化，走线方式为架空和埋地电缆混用，布线较为复杂，最大台区供电半径长达1km，包含居民、商铺、小型加工厂等不同用户类型，试点台区具体采集信息情况如表8-5所示。

表 8-5			试点台区具体采集信息情况
台区名称	台区类型	台区数量	通信组网模式
九江五显 456 社	农网	104 户	电能表安装在居民的电能表箱中，现场部分机械式电能表需要更换成智能电能表，使用 II 型采集器。II 型采集器 RS 485 线接到智能电能表的 RS 485 端口，II 型采集器和集中器间采用双模通信
九江五显村	农网	110 户	
彭镇柑梓六社台区	农网	150 户	

　　试点农网台区位于双流县九江镇五显村、五显 456 社及彭镇供柑梓六社，3 个台区，共有 364 户用户，五显村及五显 456 社属于聚集居住环境，彭镇柑梓六社分为 3 部分聚集居住，3 个台区竹林及树木茂盛、无线信号传播条件恶劣。五显村和五显 456 社都以变压器为中心点，智能电能表向 4 个方向分布。集中器到智能电能表距离最近的有 3m，最远的有 800m；智能电能表和智能电能表间的距离最近的有 1m，最远的有 400m；彭镇柑梓六社台区集中器安装在变压器侧，智能电能表以集中器为中心点向三个方向分布，该台区混装了动力用户及居民用户，集中器到智能电能表的最远距离 1km，最远的两户智能电能表距离其最近的智能电能表距离约为 400m。

　　总体日抄表成功率 99.85%（包含部分拆迁、人为断电用户），其中日抄表成功率 100% 的台区有 279 个，未出现过双模通信模块故障。实际数据证明载波＋无线的双模集抄系统运行稳定，而且效果良好。

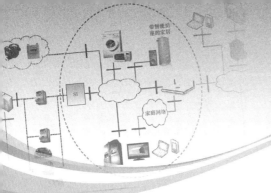

第9章

低压集抄关键技术研究与应用

9.1　低压集抄关键技术概况

贵州是国内用电环境较为复杂的省份之一，地理环境多样，高耗能用电设备较多，电网污染较为严重，低压集抄系统的建设和运维工作难度较大。为了更好地提升抄表成功率，提高系统建设和运维的工作效率，贵州电网有限责任公司电力科学研究院开展了基于高速稳定通信链路的集抄关键技术研究，并在福泉供电局建立了试点应用工程。

项目选取一些具有代表性的典型台变（包括专变和公变），覆盖 43 个供电台区近 4000户电力用户，包含高层、老城区、城乡、农村山区等类型台区，其中有 11 个城镇台区、32个农村台区，部分台区覆盖范围超过 3km，共安装 43 台集中器、1235 台采集器，并在 30户电力用户家中安装了户内交互终端。

项目在主站到采集终端的上行通信部分，重点研究了 4G 通信技术（兼容 2G/3G）在低压集抄的应用，研发相应通信模块和终端设备，构建远程无线高速稳定通信链路；在采集终端到电能表的下行通信部分，重点研究了国外先进的 G3-PLC（电力线高速窄带载波通信技术）在国内低压集抄中的应用，构建高速稳定的本地电力线通信链路，并根据现场环境条件研究载波与微功率无线相结合的优化组合通信方案，解决低压集抄系统下行通信网络的瓶颈问题，保证在城网和农网不同复杂环境条件下的一次采集成功率。同时研究并建立了集抄系统通信状态的评测系统。项目工程应用系统架构示意图如图 9-1 所示。

9.2　低压集抄关键技术研究内容

在系统整体设计方案中，组合采用了两种方案，其中方案一为全载波、半载波通信技术方案，方案二为半载波、双模、半无线通信技术方案。系统整体方案框架如图 9-2 所示。

9.2.1　上行通信技术研究

目前，集抄系统采集终端上行通信技术主流还是 2G/3G 无线公网，但随着供电企业对数据采集要求的不断提高以及 4G 通信技术的不断发展，在众多无线通信技术中，4G 以其高通信速率、高带宽、频谱利用率高、高智能和向下平滑兼容等优点，逐渐成为低压集抄系统上行无线通信首选技术。该项目以 4G 作为上行主要通信技术，同时兼容 2G/3G。

9.2.1.1　高速无线通信模块

考虑到目前大部分的采集终端上行通信采用 2G/3G 技术，为使得终端平滑过渡到使用4G 技术，终端研发主要体现在对上行无线通信模块的要求上，即上行 4G 高速无线通信模

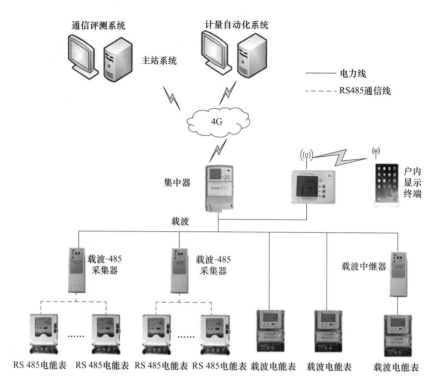

图 9-1　项目工程应用系统架构示意图

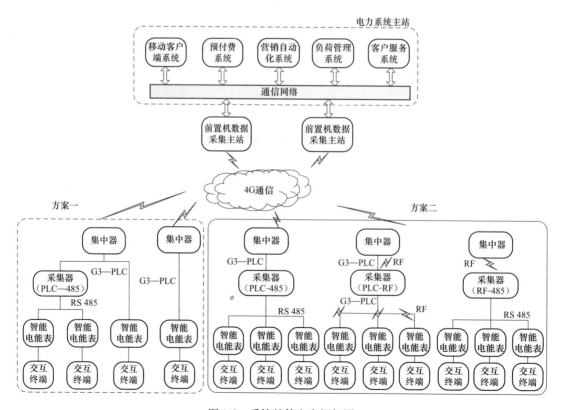

图 9-2　系统整体方案框架图

块的设计和研制需要与原有使用 2G/3G 的采集终端兼容，目标是不更换采集终端本体，只更换 2G/3G 通信模块为 4G 通信模块。

对于现场运行的采集终端，从 2G/3G 技术切换到 4G 技术，一般需要进行如下几个工作：

（1）勘察终端现场是否具备 4G 网络。

（2）在移动网络运营商处办理 4G 专网 SIM 卡（或称行业 SIM 卡）。

（3）由终端厂商开发 4G 通信模块和相应 4G 终端通信软件。

（4）升级 4G 通信软件后将 2G/3G 模块更换成 4G 模块并进行调试。

该项目开发了基于广和通 L810 模组的集中器上行通信 4G 模块，并进行了相关的功能性能测试，开发的 4G 通信模块满足相关技术规范要求。集中器上行通信 4G 模块原理框图如图 9-3 所示。

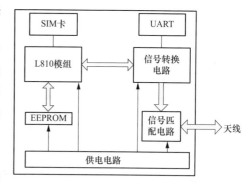

图 9-3　集中器上行通信模块原理框图

1. 主芯片及其外围电路

广和通 L810 系列模块是高集成度 4G 无线通信模块，支持"五模十一频"等全球主要的 4G/3G/2G 制式（GSM/FDD-LTE/TD-LTE/WCDMA/TD-SCDMA 等）和广泛的频段，除美洲和日本部分频段未完全覆盖外，基本上适用于全球主要移动运营商的蜂窝通信网络。

L810 模组提供了各种信号接口，但实用化需要设计以下外围电路，包括开机控制、电平转换、射频天线、SIM 卡以及指示灯等。

2. 电源控制及供电电路

电源管理部分，由 PW-CTL 信号控制其打开和关断，高电平有效；采用 LDO 线性稳压器对模块进行供电，以保证模块电源的稳定性，减小纹波，选用 LDO 型号为 SPX29302，其在输出电流为 1.5A 时电压跌落为 350mV，在输出电流为 3A 时电压跌落为 500mV，满足模块最低电压标准；电源输入管脚串联插装磁珠（0Ω 电感），以防模块插拔时的大电流冲击；电源输出加 1000μF 电解电容，以确保电源稳定性，电源电路原理示意图如图 9-4 所示。

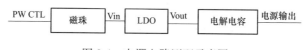

图 9-4　电源电路原理示意图

另外由于 4G 模块支持频段较多，在滤波电容的选型方面需要考虑各频段干扰，本电路直接采用 LDO 电路参考资料提供的典型值。当没有参考资料的时候，滤波电容的容值可采用以下经典公式来计算

$$2 \times \pi \times freq = 1/\sqrt{LC}$$

式中　$freq$——电网频率；

　　　L——电路中的电感值；

　　　C——电路中的电容值。

3. SIM 卡电路

SIM 卡部分信号主要包含电源 SIM-VCC、复位信号 SIM-RST、时钟信号 SIM-CLK 以

及数据信号 SIM-DATA，其中时钟信号和数据信号容易受到干扰，在布板时应进行地层包络方式的走线处理。

由于采用的 SIM 卡多为 6pin 卡，不包含 SIM 卡检测脚，所以不支持热插拔。另外，由于 SIM 卡与人体接触较多，必须做静电释放（electro-discharge，ESD）保护，所以在设计中加入了 33pF 电容和 ESD 保护器件来做 ESD 保护。

4. 电平转换电路

电平转换电路即 UART 口的信号收发电路，不同于多数 2G 模块，多数 4G 模块包括 L810 模组，其串口电平为 1.8V（2G 模块多为 2.85V），所以就算在接口板上加了 74LV245 隔离，仍需要进行电平转换，因为 74LV245 的可识别高电平阈值范围为 $(0.7\sim1.0)\times V_{CC}$，即最低可识别阈值为 $0.7\times3.3V=2.31V$，若不进行电平转换，则 1.8V 无法被判定为高电平。

集中器发送信号 TXD0 经由转换电路，电平由 3.3V 转换为 1.8V 到达模块接收接口；模块发送信号 BRXD0 经过转换电路，电平由 1.8V 转换为 3.3V 到达集中器接口，电平转换电路原理示意图如图 9-5 所示。

5. 射频天线匹配电路

天线部分，为满足 50Ω 阻抗匹配，该项目采用了 π 型匹配电路来进行天线的阻抗匹配，电路原理图如图 9-6 所示。

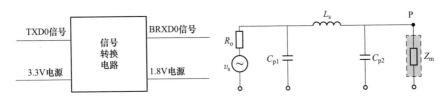

图 9-5　电平转换电路原理示意图　　图 9-6　π 型匹配电路原理图

通信模块印制板通常采用两层板，这样就无法通过走线控制阻抗，而只能外加电路进行调制。采用 π 型匹配电路来进行调制，对外围电阻、电感值/电容值进行调整，通过网络分析仪绘制 Smith 曲线和 Log 曲线来匹配相应频段下的最优电感值/电容值，但是由于 4G 模块支持频段较多，只能综合考虑，电感和电容器件可选取相对最优值。

9.2.1.2　模块设计

不同于 2G/3G 模块，4G 模块功能更为全面和强大，这就导致了 4G 模块体积大、功耗高、发热较为严重，因此硬件设计需要充分考虑器件布局、电源稳定性和散热性能等各方面的可靠性，否则可能在长期运行中因本体发热和强电磁干扰出现模块通信不稳定甚至损坏。

1. 电源设计

由于 4G 模块功耗较大，为保证模块电源工作在允许范围内，并且在正常工作中满足电源纹波要求，选用 LDO 对模块进行供电，LDO 型号为 SPX29302，其在输出电流为 3A 时电压跌落为 500mV，而 4G 模块在极限条件下的瞬时最大电流通常小于 2.3A，最低电压标准通常可以跌落 0.5V。

不同于 2G 模块常见的两频或四频，4G 模块通常支持 10 种以上不同频段，所以需要对不同频段的信号分别进行滤波处理，采用多种不同容值的电容对不同频段的信号进行滤波：1μF 和 100nF 电容用于滤除时钟以及数字信号产生的干扰；33pF 电容用于滤除低频段（900MHz）射频干扰；18、8.2、6.8pF 电容分别用于滤除中/高频段（1800MHz/1900MHz、

2100MHz/2300MHz、2500MHz/2600MHz）射频干扰，这些滤波电容的滤波效果几乎覆盖了 4G 模块的所有常用频段。

2. 通信速率提升

虽然 4G 模块在硬件接口上兼容 2G/3G 模块，采集终端可以直接更换 2G/3G 模块为 4G 模块，但是这并不意味着，原有采集终端可以直接使用 4G 网络与远程采集主站进行通信，通常情况下，采集终端本体仍然需要升级软件，才能驱使模块使用 4G 网络进行通信。

采集终端通信软件升级一个重要方面是提升采集终端和远程采集主站之间通信速率。

在使用 2G/3G 模块情况下，受限于通信速率，采集终端和远程采集主站整个通信链路处于较低速率运行状态，终端本体和模块之间串口典型数据传输速率为 9600bit/s。采用 4G 模块之后，4G 模块和无线接入网之间通信速率大幅提升，网络传输速率不再成为瓶颈，而串口通信如仍然采用 9600bit/s 波特率将大大限制采集终端和远程采集主站之间的通信速率，因此，需要通过终端软件升级来实现采集终端和 4G 模块之间串口通信波特率提升，从而实现采集终端和远程采集主站之间通信速率提升。

为了充分发挥 4G 技术高带宽、高速率通信的优势，在终端本体上行通信模块的通信方式上，该项目将串口通信电路进行改进，使得通信速率提升到最高值（即通信速率为 115200bit/s），从而采集终端上行通信速率有大幅提升，带 2G 或 4G 通信模块的采集终端实测传输通信速率数据比较如表 9-1 所示。

表 9-1　　　　　　　带 2G 或 4G 通信模块的采集终端实测传输通信速率数据比较

通信模块	平均速率	峰值速率
采用 2G 通信模块	6.6（kbit/s）	约 7.5（kbit/s）
采用 4G 通信模块	86.6（kbit/s）	约 100（kbit/s）

由上表可见，4G 技术和高速串口通信电路技术的组合使用，可使采集终端上行通信传输速率比 2G 提升 13 倍的。

9.2.2　下行通信技术研究

目前，国内约 70％的采集终端下行通信均采用窄带（低速）电力线载波通信技术，该项目采用基于 OFDM 调制方式的 G3-PLC 窄带高速电力线载波通信技术作为采集终端的下行通信方式。

9.2.2.1　G3-PLC 几种技术方案

G3-PLC 技术方案有 Maxim、Semtech、Atmel、TI 等诸多通信厂商的产品解决方案，各厂商的实现方式和特点不尽相同。

1. Maxim（美信）方案

目前，美信已具备两套产品解决方案。

【方案一】

在早期，采用 MAX2992（调制解调器）＋MAX2991（模拟前端），其系统框图如图 9-7 所示。

MAX2992 是一款片上系统（SoC），利用 32 位 MAXQ30 微控制器核构建物理层（PHY）和媒体访问控制（MAC）层，集成了模拟前端收发器的 MAX2991 能够与 MAX2992 无缝连接，共同与 MAX2992 G3-PLC 固件构成完整的 G3-PLC 产品解决方案。

MAX2992 采用带有 DBPSK、DQPSK、D8PSK 调制和前向纠错（FEC）的 OFDM 调制技术，支持电网的可靠数据通信。方案固有的自适应载频选择能够确保在群延时、脉冲干扰环境下可靠通信。为保证兼容性，MAX2992 集成了可编程陷波机制，允许对调制解调器发送频谱的某个频段进行陷波处理，这一特性同时提供了与其他窄带发送器（例如基于 FSK 的传统 PLC 系统）协同工作的途径。

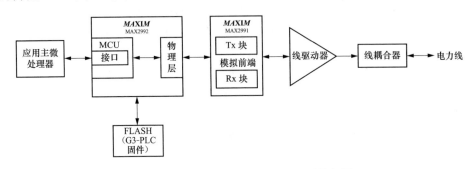

图 9-7 基于 MAX2992 的 G3-PLC 系统框图

MAX2992 MAC 层集成 6LoWPAN 自适应层支持 IPv6 数据包，增强 CSMA/CA 和 ARQ，结合网络路由协议，可支持各种网络的通用 MAC 层服务。智能通信机制和增强系统确保在任何信道条件下正常工作，这些机制包括：信道评估、自适应载频分配和网络协议。片上带有 AES-128 加密/解密的 CCM（IEEE 802.15.4 规定的 CCM 扩充协议）认证协处理器提供安全和认证。

从图 9-7 可以看出，如果要实现完整的 G3-PLC 系统，除了 MAX2992 和 MAX2991 外还需要应用层主处理器和发送驱动器，实际应用中，主处理器一般使用现在主流的 ARM 处理器，发送驱动器使用分立的功率放大管，可在采集终端处理器上进行应用层功能的开发。

【方案二】

基于 MAX2992 的 G3-PLC 系统结构比较复杂，功耗和成本都比较高，因此，美信 2015 年推出基于 ZENO（MAX79356）的第二代 G3-PLC 产品解决方案，ZENO（MAX79356）是一种片上系统（SoC）产品解决方案，实现基于窄带 OFDM 的可编程电力线载波通信调制解调，提供符合 G3-PLC 标准的高性能、高可靠性的电力线载波通信，且封装尺寸较小。ZENO（MAX79356）的内部功能框图如图 9-8 所示。

ZENO 内部集成两个流水线式 32 位 RISC（MAXQ30E）处理器，提供高性能、可扩展的处理器空间，两个 32 位 RISC 处理器分别执行物理层信号处理功能和 MAC 层通信功能，同时用户可以利用 ZENO 底层接口开发的多种应用功能，其关键特性如下：

（1）通用性好。软件配置支持当前主流电力线载波通信标准，调整后也可满足未来标准需求，可实现 G3-PLC 联盟认证，支持全部三个主流频段（CENELEC A、ARIB 和 FCC）。

（2）低功耗。侦听电力线载波通信时功耗可降低 80%（G3-PLC 通信数据侦听功耗约为 55mW，窄带电力线载波通信数据侦听功耗约为 300mW），有效传输功耗约为 70mW。

（3）占用面积小。单芯片集成 MAC 层、物理层和模拟前端，尺寸比一般的电力线载波通信产品的调制解调器占用面积为原来的 1/3，可简化电路板设计。

（4）内部集成 128/256 位 AES 和 AES-CCM 引擎，用于加密/解密和安全认证。

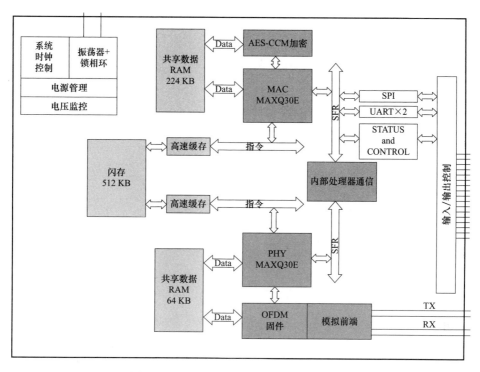

图 9-8　ZENO（MAX79356）内部功能框图

基于 ZENO（MAX79356）的 G3-PLC 通信系统典型设计如图 9-9 所示，ZENO（MAX79356）配合 LineDriver 芯片 MAX44211 就可以实现一个典型的 G3-PLC 通信电路。

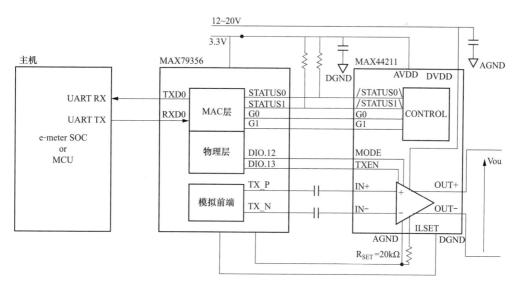

图 9-9　基于 ZENO（MAX79356）的 G3-PLC 通信系统典型设计

2. Semtech 方案

Semtech 公司的 EV8000 产品也是类似于美信 ZENO 的单芯片 SoC 产品解决方案，通过固件的配合实现高效的调制解调器，可以实现多种 OFDM 调制模式，EV8000 有着如下特性：

(1) 符合各种标准（G3-PLC、PRIME、ITU G.9955、IEEE1901.2）。

(2) 一体化线路驱动器、物理层、MAC 层和融合层（6LoWPAN 和 IEC 4-32）。

(3) 9～500kHz 的可编程工作频带，符合 FCC、CENELEC 和 ARIB 频率要求，无须改变硬件。

EV8000 芯片内部集成专用 Flash 和 RAM 存储器，可实现应用层功能开发，EV8000 的内部功能框图如图 9-10 所示。

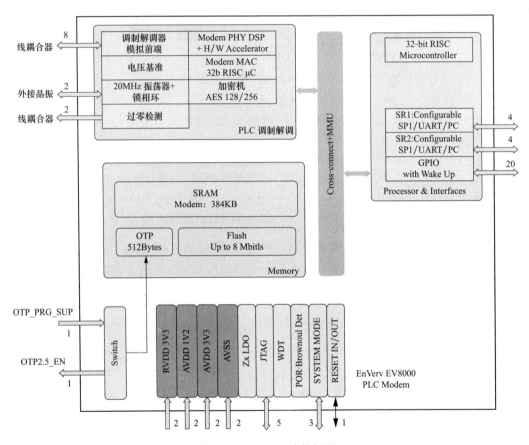

图 9-10　EV8000 功能框图

EV8000 芯片与由功率放大管组成的发送驱动电路和无源 RC 组成的接收滤波电路就可以组成一套典型 G3-PLC 通信电路。

3. Atmel 方案

Atmel 也有两套 G3-PLC 产品解决方案，分别为双芯片（PHY 基带＋MCU 微控制单元）和单芯片产品解决方案。

(1) 双芯片产品解决方案。采用 ATPL250A 作为物理层调制解调功能芯片，MAC 层功能及应用层功能需额外配置主控 MCU，厂商推荐选用 Atmel 的通用 ARM 处理器，运行由 Atmel 提供的 G3-PLC MAC 层软件开发包来实现 G3-PLC MAC 层功能，从而实现一个完整的 G3-PLC 系统，其实现方式如图 9-11 所示。

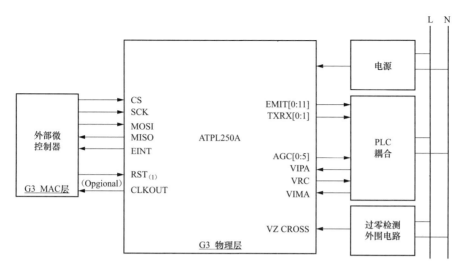

图 9-11 基于 ATPL250A 的 G3-PLC 系统框图

由于物理层和 MAC 层需要分别在两个芯片上实现，系统相对复杂，同时需要客户自己移植 G3-PLC MAC 层协议栈到外部 MCU 上，同时还要一起进行应用程序的开发，因此，采用 ATPL250A 的 Atmel 方案需要两个芯片一起才能实现完整的 G3-PLC 系统功能。

（2）单芯片产品解决方案。Atmel 也有单芯片 SoC 产品解决方案，采用 AT-SAM4CP16C，芯片集成度高，集成的功能多，具备电能计量功能，其功能结构如图 9-12 所示。

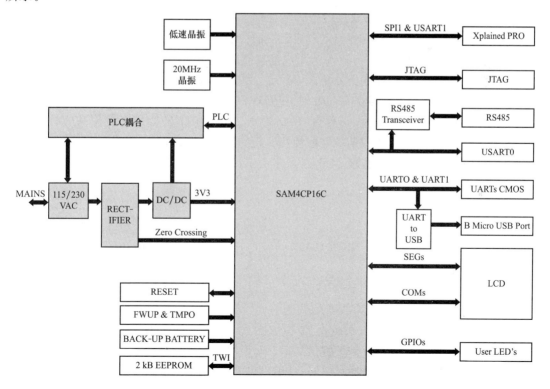

图 9-12 ATSAM4CP16C 功能框图

ATSAM4CP16C 是一个具备 G3-PLC 通信功能的电能计量 SoC 芯片，其内部集成了两个 Cortex-M4 的 ARM 核，两个内核协同工作，实现电能计量、显示、载波通信等功能。这种结构还可用于智能电能表的设计，能够最大程度上简化智能电能表的设计，降低智能电能表的总体成本，非常适合于智能电能表通信模块内置的应用场合。

4. TI 方案

TI 的 G3-PLC 解决方案是一个双芯片的解决方案，包括模拟前端芯片 AFE031 和电力线通信处理器 TMS320F28PLC8x，其实现框图如图 9-13 所示。

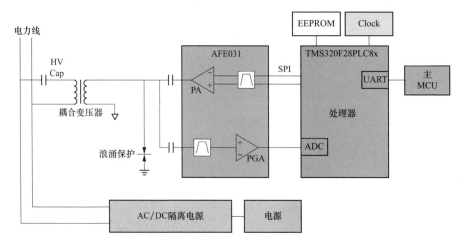

图 9-13   TI G3-PLC 实现框图

AFE031 是一款低成本、集成型的电力线通信模拟前端设备，当受控于 DSP 微控制器时，能通过信号耦合变压器和电容与电力线进行耦合连接，适合于驱动低阻抗线路，此类线路要求向电抗负载注入高达 1.5A 电流。集成接收器能够检测最低 $20\mu V_{RMS}$ 信号并能提供广泛的增益选项以适应不同的输入信号条件，为电力线通信应用提供高可靠性。

TMS320F28PLC8x 处理器是专门针对 OFDM 进行优化的一款处理器，目前仅能支持 CENELEC A 频段，TI 通过提供运行在 TMS320F28PLC8x 上的固件库的形式实现对 G3-PLC 标准的支持，AFE031 模拟前端搭配使用实现完整的 G3-PLC 的 MAC 层和物理层，应用层程序需要单独的 MCU 来实现。TI 方案存在支持频段不全、系统结构比较复杂、成本较高、功耗较大等不足。

9.2.2.2   产品设计

1. 硬件设计

该项目开发了基于美信 ZENO（MAX79356）方案的载波通信模块产品，产品实物如图 9-14 所示。

（1）主芯片及外围电路。ZENO（MAX79356）是真正意义上的片上系统器件，实现基于窄带高速 OFDM 的可编程电力线通信调制解调，提供符合 G3-PLC 标准的高性能和安全电力线通信。ZENO 集成两个流水线式 32 位 RISC 处理器，分别执行专用的物理层信号处理功能和 MAC 层功能，外围仅需要提供晶振、复位及电源电路即可。

（2）载波信号发送电路。载波信号发送电路使用 LineDriver 芯片 MAX44211，实现信号的放大和驱动能力的提高，ZENO 主芯片输出的 OFDM 调制信号通过电容耦合的方式接

(a)   (b)

图 9-14　ZENO 方案 G3-PLC 通信模块

（a）集中器端模块；（b）电能表端模块

入 MAX44211 的输入端，通过 MAX44211 内部的功放电路，提升信号电压幅度和带载能力，去驱动外部的变压器将信号耦合到 220V 电力线上，电路示意图如图 9-15 所示。

图 9-15　载波信号发送电路示意图

（3）接收及滤波电路。首先电力线上的载波信号通过安规电容和信号耦合变压器耦合进入载波板卡，然后在通过隔直电容进入 ZENO 主芯片内部的 AFE 接收电路，ZENO 载波接收电路如图 9-16 所示。电网噪声主要是低频噪声，其分布频谱如图 9-17 所示。

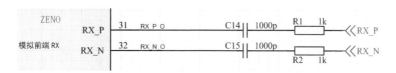

图 9-16　ZENO 载波接收电路

为提高电网背景噪声很高情况下的通信效果和通信成功率，针对 G3-PLC 工作频段主要为 30～500kHz，调整接收电路的形式，加入高通滤波的功能，并将截止频率设置在 30kHz 左右，新改进的载波接收电路如图 9-18 所示。

该项目设计了具备 G3-PLC 通信功能的集中器和采集器，集中器（G3-PLC）技术指标如表 9-2 所示，集中器实物展示如图 9-19 所示；采集器（G3-PLC）技术指标如表 9-3 所示，采集器实物展示如图 9-20 所示。

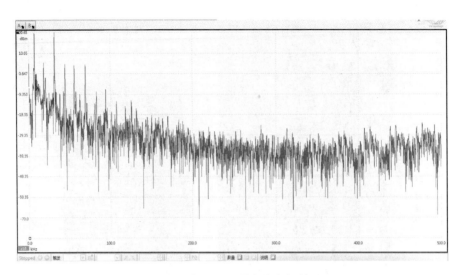

图 9-17 低压电网噪声分布频谱图

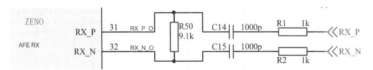

图 9-18 改进后的 ZENO 载波接收电路

表 9-2   集中器（G3-PLC）技术指标

项目	技术指标
上行通信	标配 4G 通信模块，数据波特率（默认）115200bit/s，兼容 GPRS 或 CDMA
下行通信	标配 G3-PLC 通信模块，支持标准 IEEE 1901.2、802.15.4、6LoWPAN、IPv6，抄表通信速率不低于 15kbit/s
本地端口	1 路维护 RS 232 维护串口、3 路 RS 485、1 路 USB、1 路调制式红外
存储容量	128MB FLASH，32M SDRAM

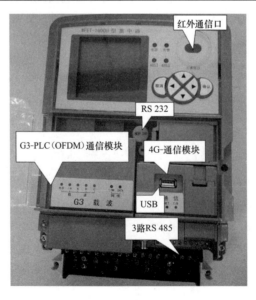

图 9-19 集中器产品展示图

表 9-3	采集器（G3-PLC）技术指标
项目	技术指标
上行通信	标配 G3-PLC 通信模块，支持标准 IEEE 1901.2、802.15.4、6LoWPAN、IPv6，抄表通信速率不低于 15kbit/s
下行通信	1 路 RS 485，每路最大可接 32 块电能表
本地端口	1 路 RS 485、1 路调制红外接口
存储容量	采集器采用 64kB 大容量非易失性存储器，数据断电可保存 10 年

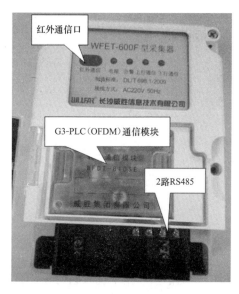

图 9-20　采集器产品展示图

2. 软件设计

同一个 G3-PLC 载波模块既能工作在 CENELEC A（32～95kHz）频段，也能工作在 FCC（154～487kHz）频带。在 CENELEC A 频段的载波平均速率约为 30kbit/s，在 FCC 频段的载波平均速率约为 100kbit/s，载波模块出厂前默认工作在某一确定频段上。

现场可通过测试判断噪声对这两个频段的干扰程度，必要时可下发频带切换指令切换工作频率，避开被噪声严重干扰的频段，可极大提高窄带高速电力载波通信的可靠性。

G3-PLC 组成的通信网络为网状多跳网络，网内任一节点都能主动发起到目的节点的通信。这一特点能保证计量设备一些重要的事件能通过通信网络及时上报到系统主站，可支持电网企业与客户的双向交互功能。

G3-PLC 另一个特点是路由动态实时调整，每个节点都能根据现场环境动态调整自己的路由表，确保到目的地有最低的路由成本。现场通过该项目设计的集抄系统的通信评测系统，观察到集中器到采集器或载波电能表的路由情况，如图 9-21 所示，图中实线表示电力线载波通信，线上标注数字表示电力线载波通信链路信号质量（数字越大，通信链路信号质量越高，通信链路越可靠），虚线表示智能电能表 RS 485 通信链路，系统通信拓扑图可根据通信链路质量动态调整。

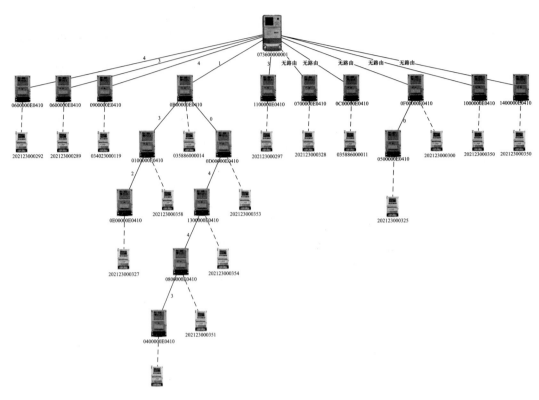

图 9-21 系统通信拓扑示意图

9.2.2.3 电路保护改进

现场个别台区在安装调试中发现存在谐波干扰大的情况，影响模块通信质量，从现场提取到的谐波干扰时域如图 9-22 所示。

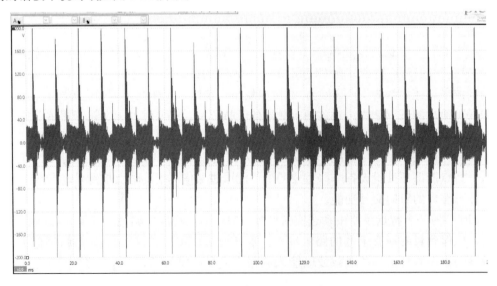

图 9-22 低压电网谐波干扰时域图

谐波通过耦合电容和耦合变压器进入到模块的弱电端，模块弱电端 line driver 芯片的正负输出脚都有钳位二极管（D9、D12、D13、D14），带保护电路的通信模块电路原理图如

图 9-23 所示。

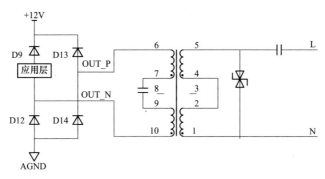

图 9-23 带保护电路的通信模块电路原理图

四个钳位二极管对谐波干扰组成一个全波整流电路，波形及电压幅值＋12V 被拉高到的电压幅值正好和耦合变压器输出的电压峰值相差 1.4V 左右，恰好在 MAX44211 电压容限范围内。通信模块加装保护电路后通信质量得到了显著改善。

9.2.2.4 通信速率提升

1. 软件架构改进

标准的 G3-PLC 软件层次结构如图 9-24 所示。

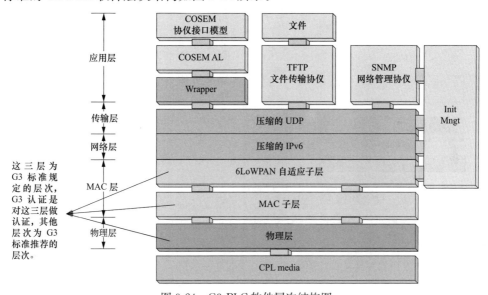

图 9-24 G3-PLC 软件层次结构图

其中传输层次主要分为三层，底层为物理层，主要完成数据的信道编码、各种调制解调模式的配置、子信道分配、同步、信道估计、信道解码等操作，是通信速率和可靠性的保障；第二层由两个子层：MAC 子层（IEEE802.15.4-2006）与 6LoWPAN Adaptation sub-layer 子层构成，MAC 子层主要完成媒体访问接入控制操作，6LoWPAN 自适应子层完成传输层功能，主要实现路由查找、通信网络建立；第三层网络层，由两个子层 IPv6 子层与 UDP 子层构成，IPv6 层完成 IPv6 网络层功能，UDP 层主要实现 TCP 报文向 UDP 报文转换。

由于 G3-PLC 通信模块需要满足国内电力行业的电能表通信标准 DL/T 645，因此需要对 G3-PLC 标准软件架构图进行改进，在保留 G3-PLC 协议栈基本不变化的前题下，对 G3-PLC 标准软件架构图中的应用子层进行修改，使模块与集中器及电能表的软件接口满足国内电网的技术要求。该项目改进的 G3-PLC 软件架构如图 9-25 所示。

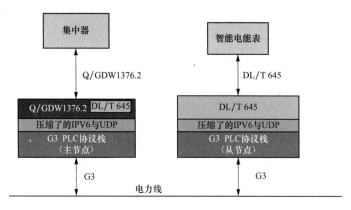

图 9-25　改进后的 G3-PLC 软件架构图

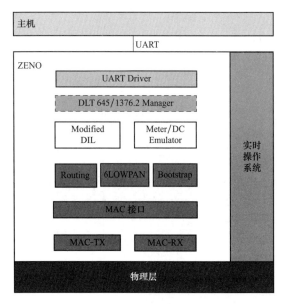

图 9-26　G3-PLC 模块软件功能框图

G3-PLC 模块软件采用 FreeRTOS 嵌入式操作系统，将不同通信层次的主要功能进行功能模块化划分，每个功能模块对特定的一个任务，任务并发运行，任务之间通过消息进行通信，这样就能充分利用硬件平台提供的资源，提高硬件的利用效率，间接地优化了通信模块的速率。该项目集中器模块软件功能框图如图 9-26 所示。

2. 软件配置参数优化

由于 G3-PLC 协议栈的各个层次都有不同数量的运行参数，这些参数必须正确配置才能确保模块正常运行。模块软件改进后，将所有必须配置的参数，按照一定的格式编辑成参数文件，并事先写到模块的参数区，模块上电后，再将这块参数内容一次性读到参数内存，并激活。通过这样处理后，缩短了单个模块从上电到加入到网络的时间，从而提升了组网的速度。

将 G3-PLC 模块的数据帧发送到电力线上进行优先级别区分，软件改进前，集中器模块与电能表模块发送到电力线上的数据帧的优先级别是一样的，软件改进后，将集中器模块的发送优先级别提高，这样到集中器模块的抄表帧将会在第一时间被其他模块处理，从而大大地提升了集中器模块的抄表速率。

9.2.3　用户户内通信技术研究

电力用户户内通信技术是实现家庭智能用电服务的关键技术，传统的采集终端设备一般是对电能量和费用进行抄读。随着智能电能表功能的增多、电力通信技术的发展，户内交互终端的功能得到扩展，可实现电参量（电压、电流、电量等）、用户信息（编号、费率等）、用户能耗（小区能耗、本楼栋平均能耗等）及扩展水气热仪表接入监控等诸多信息交互功能。

用户户内网络系统拓扑如图 9-27 所示，可实现电网企业、银行、移动运营商、自来水公司、燃气公司等诸多应用接口。户内显示终端安装在户内，上行通过 WiFi 与户内显示终端通信，下行通过 G3-PLC 载波与电能表或采集终端通信，户内显示终端通过内置开发的APP 抄表软件可以直接抄读电能表数据，不需要到集中器或系统主站去获取数据。

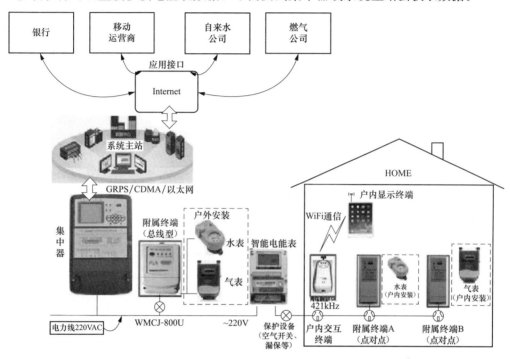

图 9-27　用户户内网络系统拓扑图

用户户内网络系统电力信息交互示意图如图 9-28 所示，可实现从户内交互终端、户内显示终端以及后台系统主站（如 95598 等系统主站）的信息交互。

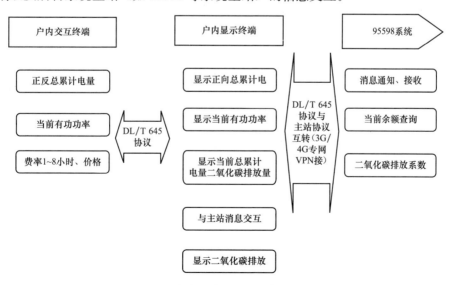

图 9-28　用户户内网络系统电力信息交互示意图

户内交互终端是用户户内网络系统的核心设备，包含 WiFi、电力线载波、M-Bus、RS 485 等多种通信方式，其设计包括以下硬件设计和软件设计。

9.2.3.1 硬件设计

1. 电源设计

电源设计如图 9-29 所示。

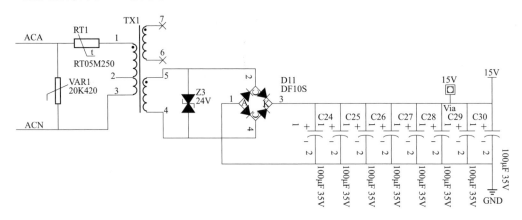

图 9-29 DC15V 电源电路

电力线接入并联一个压敏电阻（位号为 VAR1）用于抑制电力线瞬时电压突变，当有高电压时，压敏电阻的电阻降低而将电流予以分流，防止受到过大的瞬时电压破坏或干扰接收电路。

在电力线的 ACA 端串联一个热敏电阻（位号为 RT1）用于保护电路，防止因电流过大对电路器件造成损坏。

通过变压器（位号为 TX1）将 220V 交流降压为 10V 的交流电，此变压器输出功率为 2W，变压器后接入一个 TVS 管（位号为 Z3），防止电压通过变压后电压突变对电路造成伤害。

整流桥（位号为 D11）将正负交替的正弦交流电压整流成为单方向的脉动电压，这种单方向的脉动电压可能会导致控制单元数据紊乱。脉动电压通过滤波（铝电解电容）尽可能地将单向脉动电压中的脉动成分去掉，使输出电压为比较平滑的直流电压。

2. 控制单元

控制单元采用瑞萨 16 位单元机系列 RL78/G13，主系统时钟采用内部高速片上振荡器（HOCO）选择振荡频率为 $f_{1H}=32MHz$。RL78/G13 具备 4 路异步通信串口，UART0 路串口用于户内交互终端调试信息的打印，外接 CP2102 芯片将 TTL 电平转化为 USB 电平，UART1 路串口用于与 WiFi 模块进行数据的交互、传输，UART3 路串口用于与 G3-PLC 模块进行数据的交互。户内交互终端的控制单元功能框图如图 9-30 所示。

图 9-30 户内交互终端的控制单元功能框图

UART0 转 USB 电路采用 CP2102 芯片对电平进行转换，此芯片其集成度高，内置 USB2.0 全速功能控制器、USB 收发器、晶体振荡器、EEPROM 及异步串行数据总线 (UART)，支持调制解调器全功能信号，无需任何外部的 USB 器件。CP2102 与其他 USB-UART 转接电路的工作原理类似，通过驱动程序将 PC 的 USB 口虚拟成 COM 口以达到扩展的目的。PC 端通过 USB 连接可打印户内交互终端调试信息。

3. WiFi 模块单元

WiFi 模块采用 HF-LPT100 超低功耗嵌入 WiFi 模组，模块接口及功能如图 9-31 所示。

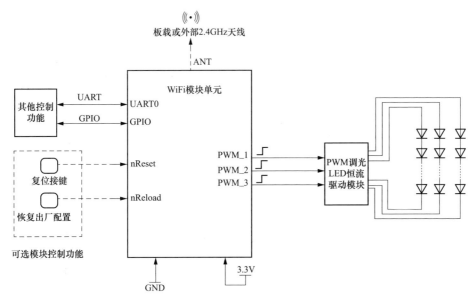

图 9-31　WiFi 模组应用图

HF-LPT100 是一款一体化的支持 IEEE 802.11b/g/n 协议的低功耗 WiFi 产品解决方案，该模块集成了 MAC 基频单元、射频收发单元以及功率放大器，模块嵌入的固件支持 WiFi 协议、WiFi 配置以及组网 TCP/IP 协议栈。

该模组可以将 MCU 的串口设备接入到无线网络中，实现电力用户双向信息的管理，为用户提供了一种物理设备连接到 WiFi 网络上，并提供 UART 串口等接口对数据进行传输。

9.2.3.2　软件设计

1. 用户户内网络系统的数据交互流程

用户户内网络系统的数据交互流程如图 9-32 所示。

（1）数据传输首先由集中器发起，允许指定户内交互终端上传数据；户内交互终端如有报文需要发送，向集中器分包传送业务数据，每一个数据帧内含有总包数、当前包号、包数据等内容。

（2）集中器在收到数据后应给户内交互终端一个明确指示，表示已经收取完毕。户内交互终端在收到明确指示后会继续发送后续包数据给集中器，否则户内交互终端会判为本次通信失败，然后会重发上一次的包数据给集中器。反复上述操作直到所有包传送完毕。

（3）户内交互终端在发送完成所有包数据后处于等待状态，直到集中器返回业务数据包 N 确认帧。

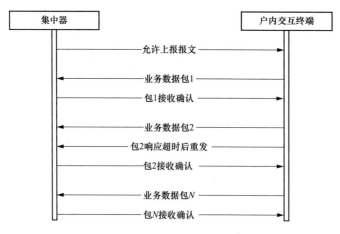

图 9-32　数据交互流程示意图

2. 户内交互终端数据处理流程

针对不同的应用场景，需要采用不同的数据处理流程。为了满足户内交互终端和附属终端工作流程的协调要求，在户内交互终端和附属终端上至少需具有以下表格中所列出的数据项参数，以便协调实现数据传输流程。户内交互终端参数如表 9-4 所示，附属终端参数如表 9-5 所示。

表 9-4　　　　　　　　　　　　户 内 交 互 终 端 参 数

序号	名称	初始值	备注
1	户内交互终端地址	0xFFFFFFFFFFFF	类似电能表地址
2	附属终端地址	0xFFFFFFFFFFFF	类似电能表地址
3	水表地址	0xFFFFFFFFFFFFFF	
4	气表地址	0xFFFFFFFFFFFFFF	
5	水电能表量数据	0	
6	气电能表量数据	0	

表 9-5　　　　　　　　　　　　附 属 终 端 参 数

序号	名称	初始值	备注
1	附属终端地址	0xFFFFFFFFFFFF	类似电能表地址
2	水表地址	0xFFFFFFFFFFFFFF	
3	气表地址	0xFFFFFFFFFFFFFF	
4	水电能表量数据	0	
5	气电能表量数据	0	

3. 电力双向互动客户端

用户户内网络系统数据流整体框架如图 9-33 所示，可实现电费账单、费用查询、缴费等电力信息交互功能。

该系统集成了电能表集抄功能，方便用户的日常生活，客户端登录界面如图 9-34 所示，用电显示界面如图 9-35 所示。

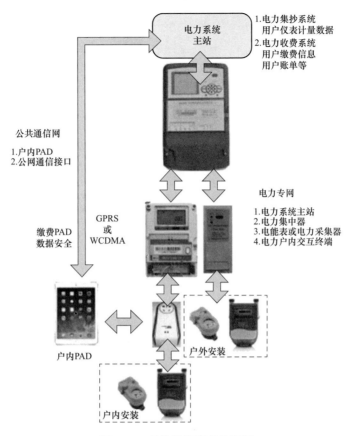

图 9-33　系统数据流整体框架

图 9-34　电力双向交互客户端的登录界面

用户户内网络系统有如下特点：

（1）将 G3-PLC 载波通信运用在户内交互终端上，G3-PLC 特有的规范支持 IPv6 互联网协议标准，允许在每一个数据集中器分配更多用户。

（2）G3-PLC 与 WiFi 结合，实现双向交互，使得用户可以轻松地利用户内显示终端、平板电脑、手机或计算机在户内查询电量、用电余额、电价、用电政策等信息，用户还可以查询或监测智能电能表当前表码、当前电压、当前电流以及历史电量等信息。

图 9-35　用户用电情况显示界面

9.2.4　通信评测系统

该项目开发的通信评测系统，通过对集抄系统节点通信路由及通信链路质量的分析，对系统通信状况做出评估，直观判断现场通信网络各主从采集节点的即时通信状态，实现远程动态监控现场网络通信状态的目的，有如下特点：

（1）系统物理结构由采集对象、通信信道、通信评测系统主站等三部分组成，采集对象指安装在现场的采集终端及智能电能表。

（2）通信信道是指系统主站与采集终端的通信信道，采用 4G 通信作为上行通信方式；集中器与电能表间采用 G3-PLC 作为下行通信方式。

（3）采用系统主站与通信测评系统并行运行模式，分别对集中器进行远程数据采集、控制。

9.2.4.1　系统主站设计

通信评测系统主站软件结构框图如图 9-36 所示，包含数据库、通信采集、应用子系统三个功能模块。

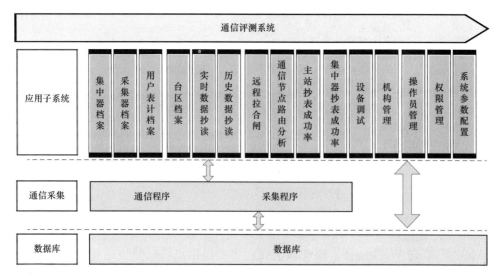

图 9-36　通信评测系统主站软件结构框图

1. 通信评测系统主站特点

（1）应用子系统。实现对系统基础数据进行维护、对通信数据进行整理与分析，通过图形与报表形式实现通信数据的可视化。

（2）通信采集。作为应用子系统与现场设备的数据通信通道，接收应用子系统指令并接收现场设备反馈结果，对结果解析后保存到数据库。

（3）数据库。存储系统主站基础数据，存储现场采集节点通信路由数据，存储现场计量设备的采集数据，为应用子系统可视化分析提供数据支撑。

2. 系统基础功能设计

（1）基础档案维护。提供系统基础档案的维护功能，包含台区、集中器、采集器、电能表、用户等档案的查询、录入、维护管理。

（2）设备远程调试。对现场已安装设备进行远程调试操作，包含集中器档案下发、召测、电能表数据远程抄读等。通过此功能，进行现场设备参数远程设置，并可判断现场设备通信情况。

（3）数据采集与存储。系统可通过下发指令抄读电能表实时数据，包含电量、电压、电流等，系统也可通过下发指令抄读电能表历史数据，包含日冻结、月冻结等。可对采集的实时数据和冻结数据进行存储操作。

9.2.4.2 通信路由

通信评测系统通过采集 G3-PLC 通信模块的组网路由及路由成本数据信息，分析通信节点通信路由及通信链路质量，并还原生成模拟现场通信网络路由拓扑图，从而对通信节点的通信状况（通道通断、通道信号强度等）做出评估，能直观判断现场通信网络各主从采集节点的当前通信状态（可通信、非可通信、通信可靠等级值），实现远程动态监控现场网络通信状态的目的。通信评测系统的通信路由分析拓扑如图 9-37 所示。

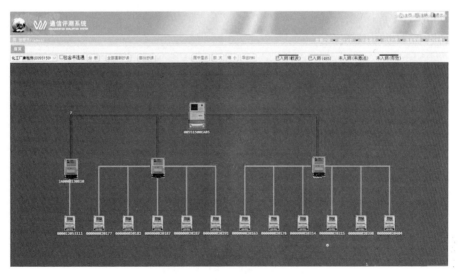

图 9-37　通信路由分析拓扑图

选择集中器即可查看该集中器的路由信息拓扑图。其中深色线条表示电力线连通，深色线条表示 RS 485 通信线连通。

9.2.4.3 通信评测指标

通信评测系统除了对台区采集成功率、终端在线率等用电信息采集指标进行统计以外,还可以对一次抄表成功率和抄表通信速率进行统计分析。

1. 一次抄表成功率

一次抄表成功率计算式为

$$一次抄表成功率 = \frac{一次抄读成功表计数量}{台区内表计总数量} \times 100\%$$

一次抄表成功率在系统中的显示界面如图 9-38 所示。

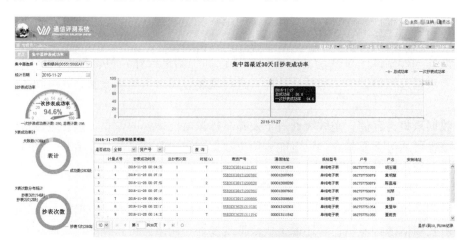

图 9-38　一次抄表成功率显示界面

2. 抄表通信速率

该项目对 G3-PLC 模块进行点对点通信性能测试,测试工作频段为 FCC 频段。测试设备连接示意图如图 9-39 所示。

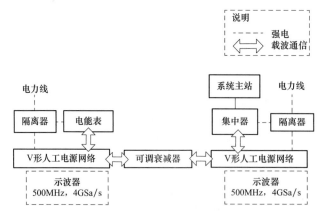

图 9-39　测试设备连接示意图

测试步骤:

(1) 根据测试设备连接示意图连接好电路。

(2) 电能表与集中器建立连接。

（3）首先将示波器连接在集中器端，在系统主站侧启动以太网通信的抓包软件，抓取系统主站与集中器的通信报文。

（4）将可调衰减器的衰减值设为40dB，采集命令发送设备连接集中器向电能表发送采集命令，根据DL/T 645通信规约分别发送三类采集数据项命令，通过存储示波器捕获电力线信号，根据捕获的信号时长和发送报文长度，计算下行方向应用层通信速率。应用层通信速率计算式为：$V=$ 应用层字节数 $\times 8 \times 1000$ /发送信号时长（ms）。

（5）根据系统主站发送抄表命令时标和系统主站接收到数据报文时标，来推算抄表时间。

抄表通信速率的测试数据如表9-6和表9-7所示，包含可调衰减器的衰减值以及在此衰减值下的上行和下行通信成功率、应用层通信速率和抄表时间。

表 9-6　　　　　　　　　　G3-PLC 通信模块不同衰减情况的上行通信数据记录

发送字节（Byte）	衰减值（dB）	成功率	应用层速率（kbit/s）	抄表时间（s）
20	40	100%	33.33	2
	50	100%	33.33	2
	60	100%	33.33	2
	70	100%	33.33	3
	80	100%	33.33	4
	90	100%	33.33	4
	95	100%	18.30	4
	96	100%	18.29	3
32	40	100%	27.11	3
	50	100%	27.09	4
	60	100%	27.09	2
	70	100%	27.09	3
	80	100%	27.09	3
	90	100%	27.09	3
	95	100%	20.58	3
	96	100%	20.50	3
58	40	100%	58.43	3
	50	100%	58.43	3
	60	100%	58.43	3
	70	100%	58.43	4
	80	100%	58.43	3
	90	100%	16.64	4
	95	100%	16.64	3
	96	100%	16.64	3

表 9-7　　　　　　　　　　G3-PLC 通信模块不同衰减情况的下行通信数据记录

发送字节（Byte）	衰减数（dB）	成功率	应用层速率（kbit/s）	抄表时间（s）
16	40	100%	19.88	3
	50	100%	19.88	4
	60	100%	19.88	3
	70	100%	19.88	3

发送字节（Byte）	衰减数（dB）	成功率	应用层速率（kbit/s）	抄表时间（s）
16	80	100%	19.88	4
	90	100%	19.88	4
	95	100%	19.19	4
	96	100%	14.63	3

9.3　低压集抄关键技术的工程调试

9.3.1　集中器安装选址

1. 问题描述

在分析台区抄表成功率时，发现某些台区内抄表失败的电能表集中在某一片区域内或集中在某一个楼栋内。

2. 分析及处理

对比分析该台区的电力线路分布图、抄表失败楼栋位置、集中器安装位置等信息，集中器位置与抄表失败区的分布情况如图 9-40 所示。

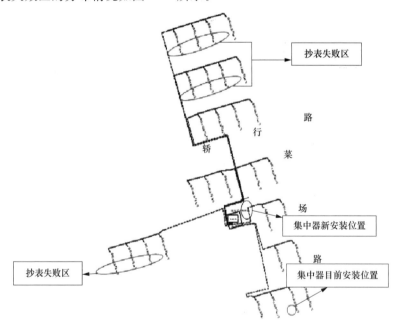

图 9-40　集中器位置与抄表失败区的分布情况

从图 9-40 中可以看到集中器目前安装位置因便于工程施工，而安装在相对于配变箱的电力线末端，导致另外两个末端部分的采集器无法收到集中器下发的抄表命令，导致抄表失败。因此，需要将集中器的位置移位，重新选址为图 9-40 中集中器新安装位置，使集中器与各个采集器的载波通信的电力线距离达到最小值。

9.3.2　台区跨度大及远端区域抄表失败处理

1. 问题描述

整个台区跨度大，按照地理区域划分以及电力线路分布图，在远离集中器安装位置区域，载波信号无法到达，导致载波通信失败。

2. 分析及处理

现场台区电力线路分布如图 9-41 所示，图中可以看出台区大致可以划分成 3 个区域，分别定为区域 A、区域 B、区域 C，其中集中器装在区域 A 内，区域 A 和区域 B 均能正常抄表，而区域 C 经过现场调试，发现载波信号无法到达区域 C，导致区域 C 内电能表抄表通信失败。

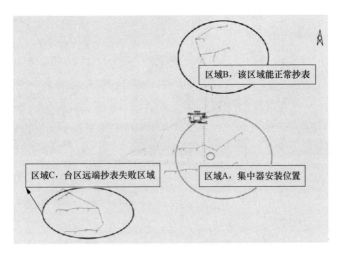

图 9-41 电力线路分布图

现场测试从区域 A 内集中器载波信号无法到达区域 C，可以在区域 C 内新增安装一台集中器，即将此台区拆分成两个台区。在加装集中器之后，需要将台区档案一分为二，区域 C 内的楼栋电能表档案信息需添加到新加装的集中器内，而原有集中器则需剔除该部分档案。

9.3.3 共地干扰和串扰处理

1. 问题描述

经常在一个小区内，存在多个台区时，由于台区之间共地线，导致载波信号通过地线相互耦合，形成共地干扰，导致抄表失败或者不稳定。另外，当在同一台区装有多台集中器时，载波信号可能相互形成回路，导致同一台区内不同集中器形成载波信号串扰，导致载波抄表失败。现场集中器安装示例如图 9-42 所示。

2. 分析及处理

对于此类情况，需将形成干扰或串扰的集中器设置为不同时间抄表，避免因同时抄表产生相互之间干扰，提升载波抄表成功率。

9.3.4 农村台区通信效果不佳处理

1. 问题描述

部分农村台区用户分布比较分散，用户之间跨度大，或临近用户不在同一相电源上且电力线布局不如城市台区相对规范，电力线载波通信链路的路由节点较少、路由中继层数多，无法可靠

图 9-42 集中器安装示例

数据通信，表现为个别电能表抄表成功率一直较低，农村台区现场变压器安装示例如图 9-43 所示，电能表安装示例如图 9-44 所示，电力线路分支示例如图 9-45 所示。

图 9-43　农村台区变压器安装示例　　　　　　图 9-44　农村电能表安装示例

图 9-45　农村现场电力线路分支示例

2. 分析及处理

现场测试发现，农村台区变压器谐波较小，变压器端谐波示例如图 9-46 所示，然而，电力线路因负载较远，导致电力线路从中部到末端的谐波较大，电气线路中、末端谐波示例如图 9-47 和图 9-48 所示，波形显示 100～200V 的谐波冲击在农村台区内普遍存在。

图 9-46　变压器端谐波示例

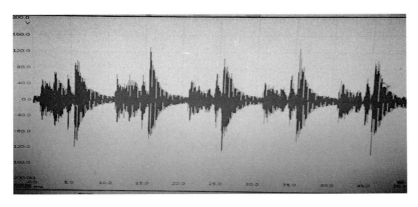

图 9-47　电力线路中部谐波示例

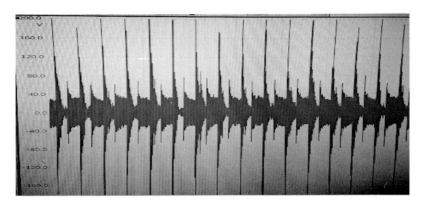

图 9-48　电力线路末端谐波示例

在农村台区，G3-PLC 通信模块根据点对点的通信链路质量，自适应降低对路由节点（备选路径数量、备选中继节点数量等）的要求，启动自适应改进路由算法，增强点对点的通信性能，表现出电力线载波的远距离传输特性。

9.4　达到的技术指标

（1）集抄系统日采集成功率＞99.9％。

（2）集抄系统单次抄通率＞90％。

（3）集抄系统单个网络内中继深度波动节点数量比＜1∶20。

（4）抄表速率不低于 15kbit/s。

（5）电力线载波接收灵敏度优于 49dBμV。

（6）电力线载波发送功率不大于 134dBμV。

（7）电力线载波产品最大数据收发吞吐率 20kbit/s（成功率不低于 99％）。

（8）微功率无线发射功率不大于 13dBm。

（9）微功率无线产品最大数据收发吞吐率 1Mbit/s。

9.5 总　　结

该项目在低压集抄系统中应用 4G 无线通信技术作为上行通信方式，采用国际标准 G3-PLC 电力线载波通信技术作为下行通信方式，研制具备 G3-PLC 电力线载波通信方式的集中器、采集器、户内交互终端等通信设备，实现的低压集抄系统在实际验收过程中日采集成功率超过 99.9%，台区总表一次抄通率超过 95%，单个网络内中继波动节点数量比小于1∶18，抄表速率不低于 15kbit/s，各项指标均符合技术要求，项目实际运行效果良好，验证了 G3-PLC 在国内大规模应用可行性，为基于高速稳定通信链路的集抄关键技术应用起到宝贵的借鉴作用。

附录 A 中英文对照表（按照在文中出现的先后顺序排列）

中文名	英文名	英文缩写
远程自动抄表	automatic meter reading	AMR
高级量测体系	advanced metering infrastructure	AMI
互联互通智能电能表	open public extended network metering	OPEN meters
欧洲电工标准化委员会	European Electro technical Standardization Committee	CENELEC
联邦通信委员会	Federal Communications Commission	FCC
日本电波产业协会	Association of Radio Industries and Businesses	ARIB
欧洲电信标准组织	European Telecommunication Standards Institute	ETSI
国际电信联盟	International Telecommunications Union	ITU
国际标准化组织	International Organization for Standardization	ISO
国际互联网工程任务组	Internet Engineering Task Force	IETF
局域网	local area network	LAN
家庭局域网	home area network	HAN
广域网	wide area network	WAN
电能表数据管理应用系统	meter data management application	MDMA
家庭能源管理平台	home energy management systems	HEMS
Ad Hoc 网络按需路由协议	Ad Hoc on demand distance vector routing	AODV
蚁群算法	ant colony optimization	ACO
路由请求	route request	RREQ
路由应答	route replies	RREP
振幅键控	amplitude shift keying	ASK
频移键控	frequency shift keying	FSK
高斯频移键控	Gauss frequency shift keying	GFSK
绝对相移键控	phase shift keying	PSK
二进制相移键控	binary phase shift keying	BPSK
相对（差分）相移键控	differential phase shift keying	DPSK
正交频分复用	orthogonal frequency division multiplexing	OFDM
时分复用	time division multiple address	TDMA
码分多址	code division multiple access	CDMA
电力线载波通信	power line communication	PLC
窄带电力线载波通信	narrow-band power line communication	NB-PLC
宽带电力线载波通信	broad-band power line communication	BB-PLC
低速电力线载波通信	low-speed power line communication	LS-PLC
高速电力线载波通信	high-speed power line communication	HS-PLC
家庭插电联盟	homeplug powerline alliance	HomePlug
鲁棒性	roboost	ROBO
基于 IPv6 的低功耗无线个域网	IPv6 over low power wireless personal area network	6LoWPAN
开放式系统互联标准	open system interconnection	OSI
数据终端设备	data terminal equipment	DTE

中文名	英文名	英文缩写
数据通信设备	data communication equipment	DCE
媒体访问控制	media access control	MAC
通用分组无线服务技术	general packet radio service	GPRS
宽带码分多址	wideband code division multiple access	WCDMA
时分同步码分多址	time division-synchronous code division multiple access	TD-SCDMA
分时长期演进	time division long term evolution	TD-LTE
分时双工长期演进	time division duplexing long term evolution	FDD-LTE
全球移动通信系统	global system for mobile communication	GSM
移动宽带无线接入	broadband wireless access	BWA
同步数字体系	synchronous digital hierarchy	SDH
异步通信收发器	universal asynchronous receiver/transmitter	UART
异步传输模式	asynchronous transfer mode	ATM
以太网无源光网络	Ethernet passive optical network	EPON
光网络单元	optical network unit	ONU
光线路终端	optical line terminal	OLT
虚拟专用网络	virtual private network	VPN
简单网络管理协议	simple network management protocol	SNMP
光纤接入	fiber-to-the-x	FTTx
塑料光纤	polymer optical fiber	POF
广电有线电视网络	community antenna television	CATV
G3 电力线载波技术	G3-Power line communication	G3-PLC
智能电力线载波量测技术	power line intelligent metering evolution	PRIME
基于蜂窝的窄带物联网	narrow band internet of things	NB-IoT
正交幅度调制	quadrature amplitude modulation	QAM
直接序列扩频	direct sequence spread spectrum	DSSS
跳频扩频技术	frequency-hopping spread spectrum	FHSS
跳时扩频技术	time hopping spread spectrum	THSS
宽带线性调频	chip modulation	CM
带冲突检测的载波监听多路访问	carrier sense multiple access with collision detection	CSMA/CD
射频识别技术	radio frequency identification	RFID
近场通信技术	near field communication	NFC
微控制单元	microcontroller unit	MCU

参 考 文 献

[1] 崔凯，孔祥玉，于慧芳. 法国配电网规划方法研究及相关启示 [J]. 供用电，2014 年 08 期.

[2] 巫飞新. 国内外智能电网技术发展现状 [J]. 电气开关，2013 2：3-6.

[3] 周文鹏. 国内外智能电网的发展现状与分析 [J]. 上海科学技术情报研究所，2014. 1.

[4] 刘宣，郑安刚，张乐群. 用电信息采集系统数据传输协议的发展趋势研究 [J]. 通信技术，2016，49 (8)：1057-1061.

[5] 胡江溢，祝恩国，杜新纲. 用电信息采集系统应用现状及发展趋势 [J]. 电力系统自动化，2014，38 (2)：131-135.

[6] 刘永波，孙永明，武延年. 用电信息采集系统通信技术发展方向的探讨 [J]. 供用电，2014 (8)：41-44.

[7] 徐伟，王斌，姜元建. 低压电力线载波通信技术在用电信息采集系统中的应用 [J]. 电测与仪表，2010，47 (7A)：44-46.

[8] 李靖波，刘晓忠. 低压电力用户用电信息采集本地通信方式比较 [J]. 电力系统通信，2010，31 (214)：61-64.

[9] 秦文华. 基于电力线载波通信的数据传输系统研究与实现 [D]. 山东大学，2012.

[10] 刘继军. 国内电力载波通信芯片技术及市场 [J]. 电器工业，2010 (12)：61-65.

[11] 陈凤，郑文刚，申长军. 低压电力线载波通信技术及应用 [J]. 电力系统保护与控制，2009，37 (22)：188-195.

[12] 张长江，徐景涛，王振举. 集中抄表双模通信系统的设计 [J]. 电力信息与通信技术，2013，11 (6)：41-44.

[13] 岳欣. OFDM 技术在第四代移动通信中的应用 [D]. 哈尔滨工程大学，2006.

[14] 马晓奇，赵宇东，邵滨. 基于 OFDM 的低压电力线载波通信和微功率无线通信的双模通信的低压集抄系统 [J]. 科技通报，2016，32 (6)：1001-1005.

[15] 张浩，蔡万升，郭经红. 基于 OFDM 的低压电力线载波抄表系统 [J]. 电力系统通信，2010，31 (210)：9-13.

[16] 菅利彬，刘永春. 基于 G3 的高速窄带载波应用研究 [J]. 电气应用，2015 (S2).

[17] 陶维青，余根，刘明武. 窄带 G3-PLC 技术及其在 AMI 中应用探讨 [J]. 通信技术，2012，45 (10)：85-88.

[18] 胥小波. G3 标准电力载波通信模块的安全接入技术研究 [D]. 湖南大学，2014.

[19] 谷志茹. 面向 AMI 的低压电力线信道特性与传输性能优化方法研究 [D]. 湖南大学，2015.

[20] 余根. 高速窄带电力线载波技术及其应用 [D]. 合肥工业大学，2013.

[21] 何志良，张然，陶维青. 窄带高速电力线载波通信发展现状分析 [J]. 电测与仪表，2013，50 (5)：68-72.

[22] 宋晓卉，林繁涛，白静芬. CATV 通信技术在中国用电信息采集领域的研究与应用 [J]. 电气应用，2013：72-76.

[23] 龚永鑫. 基于 IEEE802. 11a 的基带处理研究与实现 [D]. 北京交通大学，2009.

[24] 田新成，刘献伟，黄霞，等. 基于 HomePlug AV 标准的自适应电力线 modem 设计 [J]. 电力系统通信，2007，28 [182].

[25] 阿辽沙·叶，董俐君，刘喆. 低压集抄载波通信测试系统的研制及应用 [J]. 电测与仪表，2013，

50 (16)：61-64.

[26] 孙秀娟，罗运虎，刘志海，等. 低压电力线载波通信的信道特性分析与抗干扰措施 [J]. 电力自动化设备，2007，27 (2)：43-48.

[27] 李丰，田海亭，王思彤，等. 低压电力线窄带载波通信信道阻抗与衰减特性的现场测量及分析 [J]. 电测与仪表，2011，48 (07)：90-97.

[28] 刘勇，张明旭，李贤伟，等. 低压载波通信测试仪的开发与应用 [J]. 电测与仪表，2014，51 (15)：114-118.

[29] 王齐，漆文辉，黎曦，等. 低压集抄设备全自动检测装置的研制 [J]. 湖南电力，2010，30 (6)：20-22.

[30] 熊德智，粟忠民. 基于蓝牙技术的低压集抄系统设计 [J]. 电力系统通信，2013，34 (243)：50-54.

[31] 张暹，韦长玉，吴国平，等. 微功率无线自组网技术在农村低压电力集中抄表中的应用 [J]. 电测与仪表，2012，49 (12)：55-60.

[32] 陈向群. 电力用户用电信息采集系统 [M]. 北京：中国电力出版社，2012.

[33] 陕西省电力公司陕西电力职工培训中心. 电力远程集中抄表系统建设与应用 [M]. 北京：中国电力出版社，2009.

[34] 肖勇，周尚礼，张新建，等. 电能计量自动化技术 [M]. 北京：中国电力出版社，2011.

[35] 盛其富，楼小波，刘黎明. 智能用电信息采集系统建设与应用 [M]. 北京：中国电力出版社，2013.

[36] 殷树刚. 用电信息采集系统调试维护常见问题分析 [M]. 北京：中国电力出版社，2014.

[37] 牛春霞. 智能用电技术培训教材电力用户用电信息采集 [M]. 北京：中国电力出版社，2012.

[38] 国网上海市电力公司. 用电信息采集系统仿真培训 [M]. 北京：中国电力出版社，2014.